图解

TUJIE
JIAZHUANG
XILIE

家装系列

选材篇

汤留泉 编著

U0364149

中国电力出版社
CHINA ELECTRIC POWER PRESS

内 容 提 要

　　本书以分解图例的形式全面讲解家居装修方法，使装修业主能直观感受家装全过程，让复杂烦琐的装修变得简单轻松。本系列书分为设计篇、选材篇、施工篇与配饰篇4册，分类详细讲解设计形式、材料选购、施工工艺、后期配饰等要点，充分发挥实拍图片的优势，连贯地表达装修工作流程，第一次以全新的概念解析家装，是新一代家居装修百科全书。

　　本书适合准备装修或正在装修的业主阅读，同时也是装修施工人员和项目经理的必备参考书。

图书在版编目（CIP）数据

图解家装系列．选材篇／汤留泉编著．—北京：中国电力出
版社，2011.12
　ISBN 978−7−5123−2431−2

　Ⅰ．①图⋯　Ⅱ．①汤⋯　Ⅲ．①住宅−室内装修−装修材料−图
解　Ⅳ．①TU767−64

　中国版本图书馆CIP数据核字（2011）第258739号

中国电力出版社出版发行

北京市东城区北京站西街19号　　100005　　http：//www.cepp.sgcc.com.cn
责任编辑：梁　瑶　　联系电话：010−63412605
责任印制：蔺义舟　　责任校对：王开云
北京盛通印刷股份有限公司印刷·各地新华书店经售
2012年6月第1版·第1次印刷
700mm×1000mm　1/16·5.5印张·111千字
定价：29.80元

前　言

家居装修已经成为现代生活中的重要组成部分，很多装修业主都有一定的装修经验，能读懂设计图纸，会选购材料，并在装修过程中与施工方相互配合。但是装修效果仍不尽如人意，原因在于不了解家装实施的细节，如掌控设计过程，鉴别材料优劣，分析施工工艺等，学习这些知识又需要消耗大量的时间与精力。本套书是快速解决上述问题的最佳读本。

家居装修具有较高的技术含量，全程参与人员多，选用材料品种丰富，施工工艺复杂，最终导致装修消费高、工期长，且难以保证质量。传统观念认为，简单装修可以由业主自己操作，联系施工人员，选购材料，甚至亲自动手施工；复杂的高档装修才交给装饰公司。其实，在装修中是否亲力亲为，结果都是一样的。亲自装修需要付出自己与家人的时间、精力，业主不熟悉的操作细节就需要多次反复，或造成效率低下，成本高。交给装饰公司也并不代表业主可以当甩手掌柜，很多成品构件与材料仍需要业主亲自采购。此外，为了防止偷工减料、偷梁换柱等潜规则，业主还要与装饰公司不停地"斗法"。哪种方式都不轻松。所以要全面掌控家装过程，唯一值得提倡的就是快速提高业主的装修水平，获取一套规范且高效的装修方法。

"图解家装系列"是国内第一次以步骤图解与分析图示的形式讲述家装的、具有革命性的图书。本系列书分为设计篇、选材篇、施工篇与配饰篇4册，希望能帮助装修业主圆满完成家装。

本书在编写中得到了鲍莹、曹洪涛、陈庆伟、陈伟冬、程媛媛、邓贵艳、邓世超、付洁、付士苔、高宏杰、戈必桥、柯宇、李恒、李吉章、李建华、刘敏、刘艳芳、吕菲、罗浩、秦哲、权春艳、桑永亮、施艳萍、孙莎莎、田蜜、汪俊林、吴程程、肖萍、徐莉、杨超、杨清、张葳、张春鹏、张刚、张航、朱嵘、朱莹、赵媛的帮助，在此表示感谢。

编者

▌目 录

第一章 选购方法

　　装饰材料品种繁多，多数装修业主购买装修材料时都会感到茫然，在简单的交易过程中存在很深的玄机。装饰材料属于一次性消费品，装修业主在短期内不会再次购买。此外，限于业主们的时间与精力，在装修时多会委托公司或设计师选购。这样一来，材料商、搬运工、装饰公司、设计师、项目经理甚至施工员都会从中获取差价利润，给装修质量带来负面影响。深入考察材料市场能有效提高消费质量，防止装修资金无故流失。

第一节　考察市场

　　现阶段，我国的装饰材料市场属于典型的行业市场，也就是装饰材料集散地市场，大量商户集中在城市的某一街区开设店面销售，给装修选购材料带来了很大方便。同时也造成管理困难，质量、价格不均等问题。业主在购买装修材料之前，不妨将材料品种与市场分类联系起来，根据不同品种材料去不同类别市场挑选，这样选择的余地较大，购买的产品更专业，材料的性价比也更高。

1. 集散地市场

　　集散地市场一般位于城市的繁华地段，那里集中了很多材料经销商，能购买到各种装饰材料。成熟的集散地市场一般会将不同装饰材料销售门店分区布置。例如，销售木质板材的店面集中在市场最内侧，销售瓷砖的店面位于中间，销售洁具、灯具、成品橱柜的店面就安排在临街。因为，木质板材外观单调，单件商品利润低，依靠批量销售来盈利，而洁具、灯具外观华丽，单件商品利润高，通过吸引眼球来留住客户（见图1-1）。

集散地市场材料丰富，能满足各层次消费需求，产品分类销售。

集散地市场都建有仓库，供应量有保障，价格有很低的折扣。

零散销售成本较高，购买灯具、电器等产品没有太大价格优势。

图1-1　集散地市场

集散地市场的材料销售竞争力很大，材料价格相对低一些，但是一般不标识产品价格。如果项目经理、设计师等老客户上门询价，商家开价较低，而普通消费者光顾，商家开价就很高了。因此，很多业主都有"砍价"的经验。集散地市场材料种类多，一般适合购买大件装饰材料，如成品板材、墙地砖等，这类销售门店同时又是仓库，供应量有保证，商家为了防止产品积压，价格幅度很宽松，装修业主能买到价廉物美的装饰材料。此外，对于不常见的材料，如装饰玻璃、成品景观、楼梯等，集散地市场的店面一般集生产、加工、销售、维修于一体，虽然价格浮动不大，但是服务专业，值得信赖。

2. 建材超市

建材超市的经营品种也比较齐全，购物环境好，产品展示直观，售后服务有保障，但是价格较高，中高端装修业主经常光顾。现在我国的建材超市有两种类型，一种是品牌连锁店，超市将大多数商品统一采购后自负盈亏销售，部分商品由厂家租赁柜台销售或代销；另一种是由传统集散地市场改造而成，商家按门类分布在不同展区，业主购买

产品后单独付款。前者信誉高、无假冒伪劣产品，但是价格高，无还价余地。后者质量也有保证，可以还价，门类虽齐全但是品种有重复。

到建材超市一般购买中高档成品型材，如洁具、灯具、成品橱柜、家具、饰品，这类产品追求时尚的外观设计和前卫的生活品质。虽然价格较高，但是购买数量不多且经久耐用，所以综合消费还是能被多数业主接受（见图1-2）。

3. 建材便利店

建材便利店一般位于城市次干道或住宅小区旁，店面不大，主要销售装修辅助材料，如水电光线、五金配件、器械工具等，能极大方便装修施工，项目经理与材料员经常光顾。建材便利店都是个体经营，产品虽然丰富，但是材料品质参差不齐，或者干脆全部卖"水货"。在这类店面购买建材的业主都是为了解决燃眉之急，如水管接头、各类螺钉等。当然，也有建材便利店销售水泥、砂、砖、龙骨等构造材料，这类产品差别不大，可以就近选购省下运输费（见图1-3）。

家装助手

经济合理的选材原则

家居装饰材料都要用在室内，所以材料的放射性、挥发性要格外注意，以免对人体造成伤害。客厅、卧室等公用区域选用木地板，厨房、洗手间、阳台等公用区域，可选用地砖、墙砖、通体砖材料等。只有业主与家人的总体思路、设想、爱好确定了，购买材料时才能选择满意的装饰材料。此外，要考虑一次性投资能力，购买自己预算所能支付范围内的理想材料。

建材超市规模宏大，一般适宜购买高档建材产品，价格虽高但是质量有保证。	建材超市购物环境宽松、优越，让装修业主真正做到自由选购。	建材超市产品门类齐全，陈列紧凑，满足业主一站式购物需求。

图1-2　建材超市

建材便利店随处可见，以五金杂货、水电管线销售为主，但是小类品种丰富。	建材便利店也经营水泥、砂、腻子粉等大包装产品，选购、运输很方便。	建材便利店甚至能提供加工水泥砂浆或混凝土服务，并送成品上门。

图1-3　建材便利店

4. 建材网站

很多商家为了提高销售能力，特通过网站销售建材产品。现在，人们对"阿里巴巴"网和"淘宝网"的认知度很高，通过网络购买能获得无法想象的最低价。建材网站一般也有两种，一种是厂家批发，主要通过"阿里巴巴"网推广，销售量较大，一般业主可以联系亲友一起团购。另一种是中间商零售，主要通过"淘宝网"推广，可以单件零售，种类丰富，但是购买产品要付出高额邮费。此外，各地还有建材团购网，这与中间商零售的形式区别不大。通过网站购买的装饰材料一般都是特殊材料、廉价产品、高端品牌或业主非常喜爱的品种。网站购买有一定的风险，至少在收到货后才能识别产品品质，业主可以根据需求来选择（见图1-4）。

图1-4　建材网站

第二节　选购内幕

1. 正确识别名称与品牌

装饰材料的种类繁多，每种材料又有多个品牌与名称，在选购中关键要了解材料的学名与商品名之间的区别。学名是国家行业标准中定义的名称，用于科学研究和史料记录，是规范的署名。商品名是指生产厂家或经销商为了推广产品，根据产品特性和应用范围设立的名称。一种装饰材料一般只有一个学名，而可以有很多商品名，由于很多商品名流传广泛，受到市场普遍认可，大家可能就忘了它的学名，很多经销商就是看中这一点，胡乱编造名称，蒙骗业主。

（1）编造名称

对于刚刚推出的新款材料，很多厂家和经销商为了提高身价，纷纷编造一些商品名。例如，现在比较流行一种黏稠度较高的涂料，涂刷基层后，再使用滚筒压花模具压印花纹，它的成型原理和施工方法与传统的印花涂料没有区别，但是却给予它一个新的商品名：液体壁纸，也就是将涂料卖到壁纸的价格。此外，还出现了不少装饰面板，其基层板无非是纤维板、胶合板、ABS塑胶板等几种，表面经过贴面、压印花纹后就起名为免漆板（见图1-5）、树脂板等扑朔迷离的名称，最终以抬高价格为目的。

（2）混淆名称

对于材质、色彩、纹理近似的装饰材料，常常以故意混淆名称的方式来蒙骗业主，将低档材料名称换作高档材料名称，再以"优惠"价格令人振奋，诱导装修业主消费。这一点在实木地板和实木家具上反映明显，许多经销商利用装修业主无法辨别进口建材，随意编造混淆品名。将普通杂木染色后假冒进口紫檀、柚木；将印度尼西亚产的甘巴豆起名为金不换等（见图1-6）。

因此，装修业主购买建材的时候，无论是验货、开单还是结算一定要仔细，并将详细的清单留存。建议购买建材去正规的建材市场，并索要购物清单及发票。

图1-5 免漆板

图1-6 染色地板

2. 回避优惠圈套

不少品牌材料的代理经销商为了提升市场占有率常常利用节假日和新小区交房的时机开展各种优惠活动，从中牟利。

（1）团购圈套

不少经销商组织团购活动，通过当地报纸和装修论坛发起，临时聘用销售人员当托来联系装修业主，当集中8～10人即约好前往购买。这些价格不菲的材料在以往的宣传广告中从未出现过，由于团购人数多，并且有托来"领导"，大家都觉得不会上当，因此，团购活动也就屡试不爽。不知情的业主也集体充当了一次经销商的"形象代言人"，吸引更多的潜在客户。

（2）降价圈套

降价是任何行业经销商惯用的手法，俗话说"只有错买的，没有错卖的"。降价的理由无非是产品更新换代、店面装修或拆迁、店庆或节假日返利等事件，由于降价销售的前提在于原来标注的价格很高，现在降到了

家装助手

不要一味使用廉价材料

很多装修业主由于经济不宽裕，在装修时爱买廉价材料，表面上省钱了，实际上不仅没有，反而还会多花钱。廉价材料有它的自身优势，主要用于装修频率高的店铺、门面或办公场所，这类空间的装修频率一般为10～18个月，因为时常要保持崭新的状态，才能吸引客户前来消费。但是家居装修则不同，一套住宅装修好后，一般至少要使用5～8年，成熟家庭可能会用到10年以上，廉价的装饰材料最好不要大面积用到家居装修中去。

廉价的装饰材料的缺陷主要表现在施工损耗大、加工困难、维修频繁、污染严重等几个方面，最终影响正常施工和使用。当然，廉价材料也并不是不能用，应该有选择地购买，如上述的墙地砖、木工板材、水电管线及五金配件就应该选用中档以上的产品，而使用频率很低的装饰灯具、窗帘布艺、门套、把手等辅材可以适当选用低档材料，即使损坏也能快速更换。

普通水平，然而所销售的产品就有质量差异了。由于有原始品牌和价格产生的效应，装修业主一般不会去计较降价产品的真实质量，即使去计较，也会被经销商天衣无缝地遮掩起来。

市面上的优惠活动主要集中在灯具、洁具、瓷砖、地板、橱柜、乳胶漆等大件成品材料上，这些材料一般要先于装修施工来预定，经销商通过假团购和假降价不仅能抛出大量积压产品，还能额外提高利润20%左右（见图1-7、图1-8）。

3. 拒绝装饰公司代购

现在装修市场竞争激烈，装饰公司与材料商逐渐形成强强联合，你中有我，我中有你，他们站在一起面对装修业主的疑问，永远都能对答如流，没有丝毫破绽。

（1）材料商的物质奖励

装饰材料商一般分为代理商和经销商两种。代理商就是将厂家的产品拿过来代理，卖多少结算多少，卖不完退还给厂家，这类商家的创立条件较高，一个地区只有屈指可数的几家，他们要保证利益均分。经销商的成立门槛就很低了，一般从代理商那里拿货，自负盈亏。为了提升竞争实力，经销商通常定期给装饰公司送材料样本，尤其是木质装饰面板、壁纸、地板等时尚性很强的材料。对于设计师，还会承诺给予可观的回扣。当装饰公司需要装修办公场所时，经销商会低价出售一些积压产品，这些物质给予能加强装饰公司与材料商之间的联系。

（2）以公司名称命名材料

一些小厂商为了抢占市场，通常与当地知名装饰公司联手"开发"新产品，并以装饰公司的名称来命名，借助装饰公司的品牌效应打开市场。这类材料一般主要是木质板材、瓷砖以及辅助材料。例如，"××墙面砖"其中的"××"就是装饰公司的名称，这类材料都以崭新的面孔出现，令装修业主不好

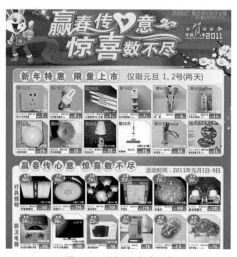

图1-7　建材广告（一）

图1-8　建材广告（二）

家装助手

仿制材料名称识别

1. 变化名称与标识

仿制产品一般都参照知名品牌的商品名称与标识，更改其中1～2个字，将标识图案作少许变化，但是色彩不变，这样就可以到工商局注册新品牌了，其后就堂而皇之上架销售。

2. 增加前、后缀

很多仿制产品的名称直接在现有知名品牌名称的前、后增加形容词，强化品牌效应，以达到以假乱真的目的。例如，在"木芯板"前方增加"精品"二字，就变成了"精品木芯板"；或者在"木芯板"后方增加"精工"三字，就变成了"精工木芯板"。

3. 扩展门类

仿制厂商会开发一些新的产品门类打"擦边球"。例如，根据"乳胶漆"的知名效应，利用小作坊代加工的方式生产相关的腻子粉和胶水，在腻子粉和胶水的包装上缩小自有品牌和标识，增加"乳胶漆配套产品"或"乳胶漆专用产品"等较大字样。让人感到具有相当的权威性，这种扩展产品门类的方式正逐渐成为市场主流。

比较，只是在潜意识中认为"××装饰公司"的牌子比较响亮，这种墙面砖也不会差，于是就同意该装饰公司选用。其实，大多数冠名材料都是低档产品，现在将其定为高档产品，中间的差价就悄然无声地进了装饰公司的账户。

第三节　环保检测

1. 材料污染形式

目前，装修污染逐渐被业主重视，主要有两种形式的污染，一种是装修材料本身就是非环保产品，使用这样的装饰材料后，污染是必然的。另一种虽然材料全是环保产品，但是各种材料释放出的有害物质叠加后形成污染，或者说材料运用过多造成的累积污染。针对前者，业主应该尽量避免选购低端非环保产品，而对于后者就应该简化家居装修，避免复杂装修和豪华装修。

根据国家《居室空气中甲醛的卫生标准》规定，装修结束后，室内（Ⅰ类）空气中甲醛的最高允许浓度为0.08mg／m³。甲醛主要存在与成品装饰人造板材中。从产品上来看，不一定贵的、环保的材料就不会造成污染。如果所用的装饰装修材料过多，即使都是环保材料，也会产生装饰材料污染叠加现象。板材中的甲醛会逐步向外释放。使用1件木制材料和10件木制材料对环境的污染程度是截然不同的。装修业主要做好事前的准备工作，对所用的装修材料进行合理配置，尽可能的情况下限制板材的使用量，不要装修之后再"亡羊补牢"（见图1-9、图1-10）。

在装修设计时就应该加以防范，以合适的比例搭配装饰材料，因为污染是叠加的，还要为将来购进的家具事先留下污染提前量。在装修的过程中，要多通风，不要等到入住之前才想到通风，因为合理地安排室内通风，可以有效地降低房间内有毒气体的浓度。

2. 材料环保检测标准

装饰材料的环保检测有送检与抽检2种方式。送检产品由生产厂家将样品送至检测部门检测。抽检产品由检测部门从被检测货品中随机抽取的，所以其检测报告对此类产品而言，具有很强的代表性和真实性。国家检测部门一般不对消费者提供的产品作检测，但是会给检测合格的产品发放合格标识，业主在选购材料时一定要注意是否具有相关环保标识。

（1）人造板

人造板是造成室内空气中甲醛超标的主要原因，世界上不少国家都对人造板的甲醛散发值作了严格的规定，国家标准穿孔测试，甲醛含量必须＜10mg／100g板材。国家《实木复合地板》标准规定：A类实木复合地板甲醛释放量≤9mg／100g板材；B类实木复合地板甲醛释放量为9～40mg／100g之间。《国家环境标志产品技术要求——人造木质板材》中规定人造板材中甲醛释放量应＜0.20mg／m^3，木地板中甲醛释放量应＜0.12mg／m^3。

此外，对于人造板材还有欧洲国家标准，又称为E级环保标准，这个标准早于我国标准出台，也是我国人造板材的主要参考

图1-9 甲醛检测仪

图1-10 甲醛检测仪

标准。其中E0级甲醛含量≤0.5mg／L；E1级≤1.5mg／L；E2级≤5mg／L。甲醛含量应小于或等于1.5mg／L（E1级），才可直接用于室内，而大于或等于5mg／L（超过E2级）时必须经过饰面处理后才允许用于室内。根据欧洲标准，E0级板材属于环保板材，家装板材根据甲醛释放量分为E0、E1、E2三个等级。E0级板材称为环保健康板材，在装修中不受使用数量的限制；E1级板材属于合格板材，也是市场准入的最低标准，每100m²的住宅中最多只能使用16～18张。E2级板材属于不合格板材，不经处理是不允许直接用于室内装修的（见图1-11、图1-12）。

（2）石材与瓷砖

石材与瓷砖的污染主要集中在放射性上，石材与瓷砖的原材料取之于地壳表面，含有一定的放射性，主要是指石材中含有的镭-226、钍-232、钾-40三种放射性元素在衰变中产生的放射性物质，主要为氡。

根据国家GB6566—2001《建筑材料放射性核素限量》规定，可以将石材与瓷砖产品分为A、B、C三类。A类产品要求ⅠRa≤1.0，Ⅰr≤1.3，可在任何场合中使用，包括写字楼和家庭居室；B类产品放射性程度高于A类，但要求ⅠRa≤1.3，Ⅰr≤1.9，不可用于居室内饰面，可用于其他一切建筑物的内、外饰面；C类产品放射性程度高于A、B两类，只可用于建筑物的外饰面。超过C类产品要求Ⅰr≤2.8，只可用于海堤、桥墩及碑石等其他用途。因此，在选择时要注意选择A类产品作为居家装饰材料。在选购石材与瓷砖时要向厂家索要产品的检测报告，以便判断此类瓷砖是否符合要求（见图1-13）。

图1-12　板材标签

图1-11　板材标签

图1-13　石材检测

（3）油漆涂料

油漆涂料中的有害物质主要是挥发性有机物，常用VOC表示，有时也用总挥发性有机物TVOC来表示。VOC是指1L涂料中含有有机挥发物的重量，而TVOC是指1L涂料中除去水后含有机挥发物的重量。目前大部分内墙涂料的体积固含量在35%~40%，当TVOC限量为100g／L时，所对应的VOC大约为39~44g／L（见图1-14）。

根据GB 18582—2001《内墙涂料中有害物质限量》规定涂料中的VOC含量为≤200g／L，油漆中的VOC含量为$0.4~1mg／m^3$。一般情况下，油漆施工后的10小时内，可挥发出90%，而溶剂中的VOC则在油漆风干过程中只释放总量的25%。室内VOC浓度为$0.16~0.3mg／m^3$，对人体健康基本无害，但在装修中往往会超过这个范围，因此要从源头抓起，杜绝非环保建材，施工时要常通风换气，甚至加热烘烤，使VOC释放加快。装修后最好经检测确认VOC不超标，并通风1个月后入住。

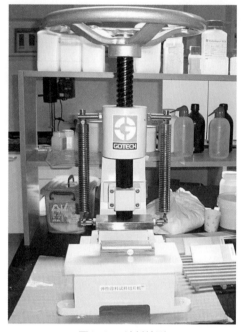

图1-14　涂料检测

第二章 材料品种

用于家装的材料一般可以分为结构材料、水电管线、装饰瓷砖、成品板材、装饰玻璃、壁纸织物、油漆涂料、五金配件、成品门窗、卫生洁具等10个类别，涵盖全套装修流程，选购的难度较大。很多业主担心买到假冒伪劣产品，或对高价产品产生质疑，花费不少心思仍达不到装修效果。下面就以图解的形式详细介绍家装材料的选购、识别、运用方法，清晰明确地答复业主。

第一节 结构材料

结构材料是用于硬件改造工程中的材料，又称为改造材料。它对装修工程起到支撑、整形、强化、围合等作用。

1. 水泥砂浆

水泥砂浆是一种混合调制材料，一般在装修现场采用一定比例的水泥、砂、水和其他辅助材料混合调配。它具有很强的粘接能力，可以用于墙地面找平、墙体砌筑、墙地砖铺贴等施工。按照不同施工要求，水泥砂浆分为普通砂浆、混合砂浆和白灰砂浆三种，其中普通砂浆最常用。

水泥砂浆的核心是水泥，它是一种粉状水硬性无机胶凝材料，加水搅拌后成浆体，能在空气或水中硬化，并能将砂、石等材料牢固地胶结在一起。水泥是重要的装修材料，用水泥配制成的砂浆坚固耐久，广泛应用于室内外装修工程。用于家装的硅酸盐水泥强度等级为32.5号，属于中低强度水泥，以袋装销售为主，每袋净含量有25kg和50kg两种。水泥包装袋清楚标明各种商品信息（见图2-1）。

在家装中，水泥的用量并不大，主要是用于墙体改造、墙面找平和墙地砖铺贴。以

水泥粉末应细腻、平滑，颗粒分明，有强烈的干燥感，呈均匀的灰色。

编织袋包装的水泥不能存放在户外，打开包装后应立即使用，避免干结。

成品抹灰砂浆使用更方便，一般选用3层牛皮纸袋装产品。

图2-1 水泥

海砂不能替代河沙

发现不少家装使用的沙子是海砂，我国房屋建筑规范明确严禁使用海砂。海砂主要是海里的石头在波浪的冲击下形成的颗粒，海砂里含有腐蚀性盐类。河沙是山上的石头经过河水冲刷，途经很长的距离，从上游带下来的，里面不含腐蚀性的盐分。使用了没有经过处理的海砂会出现墙体坍塌、楼面开裂事故，造成巨大的经济损失。但是，由于海砂便宜，很多不法商贩仍在四处兜售，业主要特别注意。

从表面上看，海砂基本是黄泥色，含有大量的贝壳，颗粒（粒径）一般比较粗，而且粒径分布得很不均匀。此外，还可以拿几粒沙子放到舌尖上舔一下，会感觉到海砂有点咸味。

装修选用河沙也要经过沙网筛选，砂网的孔径不能>10mm，以防止泥土、石头等杂质混入其中，这些杂质过大过多都会影响水泥砂浆的黏合强度，很多住宅小区附近的材料商都提供价格较高的成品沙，筛选后装袋销售，并负责送货上门，看似方便，其实中间夹杂着很多杂质，会给装修带来麻烦。业主最好是到材料市场批量采购，一套100m²的住宅装修一般使用河沙1 000kg，经过筛选后能得到800kg左右就差不多了。

墙地砖铺贴为例，1袋25kg装普通硅酸盐32.5级水泥与砂混合成1：2的水泥砂浆，可以铺贴3m²左右的地砖；混合成1：1水泥砂浆，可以铺贴4m²左右的墙砖。一套100m²的住宅装修一般使用水泥16~25袋。为了节约成本，很多经销商采用单层编织袋包装，它的防潮性远远低于标准3层牛皮纸袋。从分装到销售可能长达半年，水泥强度会大幅度降低，从而给装修施工带来质量隐患。

此外，还有一种白水泥，它是由白色硅酸盐水泥熟料加入石膏，磨细制成的水硬性胶凝材料。加水调制后的白水泥颜色为浅灰白色，可以加入适当的颜料调制成彩色水泥，主要用于墙面装饰或瓷砖勾缝部位填充。

2. 混凝土

混凝土是当代最主要的土木工程材料之一，它是由胶结材料、骨料和水按一定比例配制，经搅拌振捣成型，在一定条件下养护而成的人造石材。混凝土具有原料丰富，价格低廉，生产工艺简单，抗压强度高，耐久性好，强度等级范围宽等优点。

普通混凝土是由水泥、粗骨料（碎石或卵石）、细骨料（砂）、外加剂和水搅拌，经硬化而成的一种人造石材。砂、石在混凝土中起骨架作用，并抑制水泥的收缩。水泥和水形成水泥浆，包裹在粗、细骨料表面并填充骨料间的空隙。水泥浆体在硬化前起润滑作用，使混凝土搅拌物具有良好工作性能，硬化后将骨料胶结在一起，形成坚强的整体（见图2-2）。

在家居装修中，水泥混凝土一般用于立柱和楼板层浇筑、楼梯浇筑、固定栏杆或其他承重构件。混凝土按标准抗压强度（以边长为150mm的立方体为标准试件，在标准养护条件下养护28天，按照标准试验方法测得的具有95%保证率的立方体抗压强度）划分的强度等级，称为标号，分为C10、C15、C20、C25等，用于装修中的混凝土以C15和C20居多，C15型混凝土用于装饰构造的固定和承载，C20型混凝土用于现场浇筑楼梯、楼板和墙柱。

由于混凝土加工比较复杂，需要大型设备作均匀调制，因此现代装修如果需求量大，一般直接购买商品混凝土，它是以集中搅拌的方式供应一定要求的混凝土，包括混合物搅拌、运输、泵送和浇筑等工艺过程，在市场应用中性价比很高。

3. 轻质砖

轻质砖又称为发泡砖，是目前装修隔墙的首选材料，全面取代了传统红砖（黏土砖）。它的质量轻，不会过多增加楼面负重，而且隔声效果好，生产成本低。轻质砖的质量仅为500~700kg／m³，是普通混凝土的25%，是黏土砖的33%，是空心砖的50%。由于其容重比水小，俗称浮在水面上的加气混凝土。在装修中使用可以减轻建筑物的自重，大幅度降低建筑物的综合造价（见图2-3）。

混凝土的强度主要在于石料的质量与大小，石料应均匀饱满，差异小。　　简易的混凝土搅拌机能提高混凝土的制作效率与混合质量。　　混凝土现做现用，存放时间不超过2小时，防止干结硬化。

图2-2　混凝土

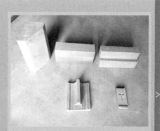

轻质砖外观方正，无残缺破损，质地均匀，无变形或疙瘩。　　轻质砖砌筑的墙体应平整，接缝均匀，缝隙水泥要求饱满。　　在有防火要求的家居装修中可以使用防火砖，这类砖又有多种形态。

图2-3　轻质砖

轻质砖的多孔结构使其具备了良好的吸声、隔声性能，可以创造出高气密性的室内空间，给人提供一个宁静舒适的生活环境。轻质砖的耐火度为700℃，为一级耐火材料，100mm厚的砌块耐火性能达225分钟，200mm厚的砌块耐火性能达480分钟。

轻质砖产品重量轻，规格大小多样，便于钉、钻、砍、锯、刨、镂，而且在墙面上使用膨胀螺栓，可以直接固定吊橱、空调、抽油烟机等，给水电管线布设和设备安装带来了方便。

用于装修的轻质砖规格一般为240mm×115mm×45mm和600mm×250mm×120mm两种，主要用于房屋改造时砌筑隔墙和地台，以240mm×115mm×45mm为例，砌筑1m²的墙（墙厚240mm），需要约120块砖。

4. 木龙骨

木材是最传统的装修材料，在家居装修与改造中，木材会被预先加工成板材和方材的形式，即截断面的长宽比大于3∶1的为板材，小于3∶1的为方材。其中方材的适用性更强，又称为木龙骨或木方。装修中使用频率最高的轻质木材主要由松木、杉木、椴木等树木加工成截面为矩形或正方形的木龙骨（见图2-4）。

木质龙骨的来源可以用原木开料，加工成所需的规格木条，也可以用普通板材经过二次加工成所需的规格木条，还可以在市场上直接购买成品木条。根据使用部位不同而采取不同尺寸的截面，一般用于室内隔墙的主龙骨截面尺寸为50mm×70mm或60mm×60mm，而次龙骨截面尺寸为40mm×60mm或50mm×50mm。用于轻质扣板吊顶和实木地板铺设的龙骨截面尺寸为30mm×40mm或25mm×30mm。

木龙骨的主要缺点是易燃，但现在也可以买到表面涂有防火涂料的成品龙骨。如果对木材进行浸渍处理，可以起到既防火又防腐的双重作用。

此外，木龙骨在加工制作时分为足寸和虚寸两种。足寸是实际成品的尺度规格，而

风干龙骨表面光洁无毛刺，色彩较浅，但是表面有起伏变化，价格低廉。

烤干龙骨表面毛刺较多，色彩深浅不一，表面平整，价格较高。

木龙骨进场后应统一涂刷防火涂料，满足不同部位的使用要求。

图2-4　木龙骨

虚寸是型材订制设计时的规格，因而虚寸比足寸要大。一般虚寸为50mm×70mm的木龙骨，足寸可能只会达到46mm×63mm左右。

5. 型钢

型钢又称为重钢，在家装中主要用于连接、承载大型构件或楼板，或者用于水泥混凝土中，形成钢筋混凝土，用来制作钢筋混凝土楼梯、楼板、墙柱等。型钢主要分为热扎型钢和冷弯薄壁型钢两种。

（1）热扎型钢

热扎型钢品种很多，主要有等边角钢、槽型钢、工型钢、钢管、扁钢等（见图2-5）。热扎型钢是经过精心设计和计算的，截面形式合理，材料在截面上分布对受力最为有利，且构件间的连接非常方便。型钢骨架易于裁剪及焊接，可以按工程要求任意加工、设计及组合，并可制造特殊规格，配合特殊工程的实际需要。常用的工型钢和槽型钢一般作为钢骨架的主梁，受垂直方向力的作用。工型钢的受力特点是承受垂直方向力和纵向压力的能力较强，承受扭转力矩的能力较差，主要用于制作室内、外楼板架空层，一般可以采用焊接工艺，对于强度要求特别大的构造还可以增加铆钉来辅助。H型钢的

角钢用于装饰构造的辅助支撑，裁切、焊接等工艺要求很精致。

槽钢用于架空层横向承载，或用于户外雨蓬、阳光房立柱支撑。

工形钢用于架空层纵向支撑，承载力度很大，使用并不多。

方形钢管一般辅助工型钢与槽型钢，规格较大的方形钢管也可以作主要支撑。

圆形钢管与方形钢管的使用方法类似，适用于形体特殊的支撑构造。

扁钢为最终端的焊接用钢，用于次要支撑木板或混凝土等基层材料。

图2-5　热轧型钢

家装助手

木材的种类

木材按用途一般可以分为轻质木料骨架和硬质木料骨架两类，按树种也可以分为针叶树和阔叶树两类。

1. 针叶树

针叶树又称为软质木材，主要是指针叶树种的木材，如松木、杉木、柏木等。树干通直而高大，质地轻软而易于加工，胀缩变形较小，天然树脂多，比较耐腐蚀，可以用作各种承重构件及装饰部件。

2. 阔叶树

阔叶树又称为硬质木材，主要是指阔叶树种的木材，如水曲柳、柞木、橡木、榉木、樱桃木、桦木、榆木、椴木、柚木、楠木、红木等。质地比较坚硬，较耐磨，有美丽的纹理和光泽，但多数难得到较长的通直木材，加工较困难，受干湿变化的影响而引起的胀缩变形、翘曲和开裂比较严重，主要适用于室内饰面装饰、家具制作及胶合板贴面等。

轻钢龙骨外观应平整、坚硬，切口断面应光洁，不能有锈迹。

轻钢龙骨形态、规格多样，适用于吊顶、隔墙支撑构造。

吊顶轻钢龙骨分上层承载龙骨与下层覆面龙骨，两者通过专用连接件固定。

吊顶龙骨要求平整，间距相等，目前也有成品轻钢龙骨，安装更便捷。

隔墙龙骨尺寸比较大，中间需开孔穿线管，间距相等且要求横向支撑。

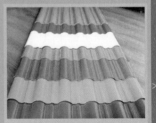

彩色涂层钢板用于户外空间围合或顶棚，表面涂层应无破损或划痕。

图2-6 冷弯型钢

主要规格为宽度120~250mm不等。

（2）冷弯型钢

冷弯型钢是一种高效经济型材，是采用厚度为2~6mm的钢板经冷弯或模压而制成，在家居装修工程中常见的有角钢、槽钢等开口薄壁型钢，也有方形、矩形等空心薄壁形钢（见图2-6）。角钢的受力特点是承受纵向压力、拉力的能力较强，承受垂直方向力和扭转力矩的能力较差。角钢有等边角钢和不等边角钢两个系列，常用的等边角钢宽度为40~60mm不等。

现代装修常用型钢来加强房屋结构或制作构造，经常将热扎型钢和冷弯型钢混合使用，主要承重部位使用热扎型钢，辅助部位使用冷弯型钢。

钢材属于不燃性材料，在200℃以内其性能基本不变，当环境环境温度达到600℃时，钢材就开始失去承载能力了，在使用中要注意防火措施，必要时需涂刷防火涂料。型钢用于室外结构时还需刷2~3遍防锈漆，否则生锈侵蚀容易造成尺寸减小，影响使用寿命。

第二节　水电管线

水电管线用于隐蔽工程，对质量的要求比较高，日后使用一旦发现问题就很难维修。在选购时要注意管线的型号和使用要求，这类材料单价较高，购买的型号和数量不对会给装修带来不少麻烦。

1. PP-R管

PP-R管全名为无规共聚聚丙烯管，又称为三型聚丙烯管，是采用无规共聚聚丙烯注塑而成的管件，它是目前家居装修中使用最多的一种供水管道。PP-R管的接口采用热熔技术，管材之间完全融合到了一起，所以安装后经过打压测试并通过检查，绝不会漏水，可靠度极高，从综合性能上来讲，PP-R管是目前性价比最高的管材。

PP-R管的原料只有碳、氢元素，没有其他有毒元素存在，卫生可靠，不仅用于冷热水管道，还可以用于纯净饮用水系统。PP-R管导热系数低，保温性能好，仅为钢管的5%。普通PP-R管的软化点为131.5℃，最高工作温度可达95℃，热水管工作温度能达到230℃以上，可以满足日常生活中给水系统的各种使用要求。

目前，市面上能买到的PP-R管每根长4m，管径从16~160mm不等，家装中用到的主要是20mm和25mm两种，管壁厚4~5mm，管径为20mm的产品用得更多些。一般在水电改造施工中，原有的水管都会更换，建议全部安装PP-R热水管，即使是流经冷水的地方也用热水管，因为热水管的各项技术参数都高于冷水管，且价格相差不大，所以现代家装水路改造都用热水管。

近年来，随着市场的需求，在PP-R管的基础上又开发出PP-R铜塑复合管、PP-R不锈钢复合管等，进一步加强了PP-R管的强度，提高了管材的耐用性，完全能满足各种场合和各种情况的需要（见图2-7）。

PP-R管的管壁厚度是质量关键，材质要求均匀密实。

PP-R管配件应齐全，其中金属构件应为纯铜质地，结合严密。

PP-R铜塑复合管是一种高端产品，具有节能保温的性能。

图2-7　PP-R管

家装助手

PP-R铜塑复合管

　　PP-R铜塑复合管是一种新产品，内层为无缝纯铜管，外层为复合无规共聚聚丙烯，铜管与聚丙烯之间以专用热熔胶粘合，阳光铜塑复合管集铜管和塑料管的优点，产品结构合理，理化性能优良，科技含量高，使用寿命长、易安装、易连接、耐腐蚀、抗压、耐热、不渗透、可循环使用，而且有益健康。PP-R铜塑复合管克服了传统铜管造价高、安装难度大、不保温等缺点，同时克服了纯塑料管在强度、抗机械冲击、渗光透氧等方面的缺陷。PP-R铜塑复合管以其优异的性能成为现代高档住宅装修的首选管材。

2. 金属软管

　　金属软管又称为金属防护网强化管，内管中层布有腈纶丝网加强筋，表层布有金属丝编制网。金属软管重量轻、弯曲自如，最高工作压力可达4.0MPa，负压可达0.1MPa。使用温度为-30～120℃，不会因气候或使用温度变化而出现管体硬化或软化现象，具有良好的耐油、耐化学腐蚀性能。金属软管的生产以成品管为主，两端均有接头，长度从0.3～20m不等，可以定制生产。金属软管主要用于PP-R管末端与水龙头或用水设备之间连接，具有弯曲变形功能，长度为300～1000mm不等。

　　金属软管中还有一种高端产品，称为不锈钢软管，采用不锈钢波纹管壁，具有很强的弯曲性和抗压性，弯曲后能定型不变，长度为300～1000mm不等。不锈钢软管在家装中主要用作供水管和供气管，尤其是强化燃气软管，取代了传统的橡胶软管。普通橡胶软管使用寿命为18个月，而金属软管可达10年。目前，我国一些城市已经明令禁止销售普通塑料软管，强制推行不锈钢软管，它不易破裂脱落，更不会因虫鼠咬噬而漏水漏气（见图2-8）。

等多种，以圆形为例，直径从10~250mm不等。此外，PVC管中含化学添加剂酞，对人体有毒害，一般用于排水管，不能用作给水管。

3. PVC管

PVC管的主要成分为聚氯乙烯，另外加入其他成分来增强其耐热性、韧性和延展性等，它是当今被广泛应用的一种合成材料。PVC管适用工作压力≤0.6MPa的排水管道，具有重量轻，内壁光滑，流体阻力小，耐腐蚀性好，价格低等优点，取代了传统的铸铁管，也可以用于电线穿管护套。PVC排水管有圆形、方形、矩形、半圆形

选择PVC管时要注意管材上明示的执行标准是否为相应的国家标准，尽量选择国家标准产品。优质管材外观应光滑、平整、无起泡，色泽均匀一致，无杂质，壁厚均匀。管材有足够的刚性，用手挤压管材不易产生变形，直径50mm的管材壁厚至少需2mm以上（见图2-9）。

金属网软管用于连接给水管末端与水龙头，网纹应细腻严实，不露管芯。

不锈钢软管弯曲后不回弹，可塑性好，是现代家装中的高端管材，应用广泛。

金属软管的应用质量还在于接头，应采用不锈钢或铜质产品。

图2-8　金属软管

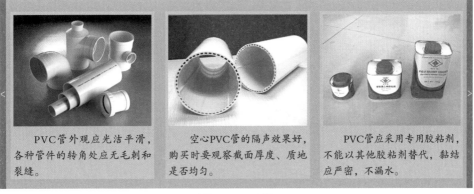

PVC管外观应光洁平滑，各种管件的转角处应无毛刺和裂缝。

空心PVC管的隔声效果好，购买时要观察截面厚度、质地是否均匀。

PVC管应采用专用胶粘剂，不能以其他胶粘剂替代，黏结应严密，不漏水。

图2-9　PVC管

4. 电源线

电源线简称电线，用来传输日常生活用电，因中间的导体为铜，也可以称为铜芯线。电源线都以卷为计量，每卷线材的长度标准应为100m。线材的粗细规格一般按铜芯的截面面积来划分，一般而言，普通照明用线选用1.5mm²，插座用线选用2.5mm²，空调等大功率电器设备的用线选用4mm²，超大功率电器可选用6mm²以上。根据市场需求，电力线主要分为单股电线和护套电线两种。

（1）单股电线

单股电线即是单根电线，又细分为软芯线和硬芯线，内部是铜（铝）芯，外部包PVC绝缘套。为了方便区分，单股线的PVC绝缘套有多种颜色，如红、绿、黄、蓝、紫、黑、白和绿黄双色等，在同一装饰工程中用线的颜色及用途应一致。单股电线需要在施工中组建回路，并穿接专用阻燃PVC线管，方可入墙埋设，阻燃PVC线管表面应光滑，壁厚要求达到手指用劲捏不破的程度，也可以采用专用镀锌管作穿线管。

（2）护套电线

护套电线是普通电线的一种，为独立回路，包含1根火线和1根零线，部分产品还包含1根地线，外部有PVC绝缘套统一保护。PVC绝缘套一般为白色或黑色，内部电线为红色或彩色，安装时可以直接埋设在墙内。

护套电线外部都标有字母，分别代表不同意义，依次为：1类别用途、2导体、3绝缘、4内护层、5结构特征、6外护层或派生、7使用特征。其中1～5项和第7项用拼音字母表示，高分子材料用英文名的第一位字母表示，每项可以是1～2个字母；第6项是1～3个数字。由于铜是使用的主要导体材料，故铜芯代号T简写，但裸电线及裸导体制品除外（见图2-10）。

5. 信号线

信号传输线又称为弱电线，用于传输各种音频、视频等信号，在家装中主要有网路线、电话线、音响线和电视线等。因为是信号传输，所以导体的材料多种多样，如铜、铁、铝、铜包铁、合金铜等。信号传输线一

家装助手

水管电线缺斤少两

一般的家装电线都成卷销售，每卷长50m或100m，如果将其拉直来测量，往往会发现只有45m或90m左右，但是销售价格仍按足量计算。PP-R管和PVC管的长度一般是4m或6m，实际长度一般只有3.8m或5.6m。对于装修施工而言，这些缩水影响不大，但是对于自行购买材料的装修业主来说，这就是损失了。因此，在购买水电材料时，不要贪图便宜，材料的单价虽然低，但是缺斤少两，知名品牌材料虽然价格高，但是很少有缩水现象。此外，在施工中一定要注意，叮嘱施工员在下料时要注意节约，将长度超过600mm的多余管线材料收集起来，备日后使用。

单股线要看清包装标识与使用说明，红色用于火线，蓝色、黑色用与零线。

单股线有软芯和硬芯之分，软芯弯曲度好，而硬芯更牢固。

用小刀削开绝缘层，削切时应感到平和、均匀、无阻力，铜芯亮泽。

护套线要看清包装标识与使用说明，用手拿捏线卷感受是否松散。

护套线内芯一般为2根单股线，应比较铜芯粗细、硬度是否一致。

燃烧护套线绝缘层，应无刺鼻烟雾，明火燃烧时间短，离开火源能自动熄灭。

图2-10　电源线

家装助手

电源线选用方法

近年来，电源线开发出多个品种，以往的铜芯电线都是1根电线内包裹1根铜芯，硬度较高，施工时经常弯折容易造成铜芯金属疲劳而断裂。现在有很多厂家开发出多根铜芯的软线，方便了施工。但是也有厂家从中投机，降低电线的截面积，原本2.5mm^{2}的电线就变成了2.3mm^{2}甚至2.0mm^2，给装修业主造成损失。选购时可以拿一段标准的2.5mm^{2}硬线作比较，标准2.5mm^{2}软线的截面面积要略大些。因为多根铜线间还会有间隙。

家庭用电源线，宜采用BVV2.5和BVV1.5型号的电线。BVV为铜质护套线，2.5和1.5分别代表2芯2.5mm^{2}和2芯1.5mm^2。一般情况下，BVV2.5用于主线、干线，BVV1.5用于单个电器支线、开关线。单相空调专线用BVV4，另配BVV2.5专用地线。

般都要求有屏蔽功能，防止其他电流干扰，尤其是电脑网线和音响线，在信号线的周围，有铜丝或铝箔编织成的线绳状的屏蔽结构，带屏蔽功能的信号线价格较高，质量稳定。

（1）网路线

网路线是现代通信中必不可少的材料，

它采用了一对互相绝缘的金属导线互相绞合的方式来抵御一部分外界电磁波干扰，一般由绝缘铜导线缠绕而成，由多对双绞线包在一起置于一个绝缘电缆套管内。网路线一般分为三类线、五类线和六类线，目前应用最多的是五类线和超五类线。五类线增加了绕线密度，外套高质量的绝缘材料，传输率为100MHz，用于语音传输和最高传输速率为10Mbps的数据传输（见图2-11）。

（2）电话线

电话线属于弱电线，用于电话信号传输，其导体的材料多种多样，如铜、铁、铝、铜包铁、合金铜等。电话线一般都要求有屏蔽功能，防止其他电流或磁场干扰。在电话线的周围，有铜丝或铝箔编织成的线绳状的屏蔽结构，带防屏蔽功能的电话线价格较高，质量稳定，一般分为2芯和4芯，普通电话线采用2芯线，可视电话采用4芯线。电话线中的电压是20V。当有电话呼入时，电话线电压上升至48V，话机就响铃，响铃电压为75~90V，频率为16~25Hz的交流电，当摘机应答时，电话线电压又会下降至10V（见图2-12）。

（3）音响线

音响线又称发烧线，是由高纯度铜或银作为导体制成。音响线用于功放和主音箱及环绕音箱的连接。音响线由大量铜芯线组成，有50芯、70芯、100芯、150芯、200芯、250芯、300芯、350芯等多种，其中使用最多的是200芯和300芯的音响线。一般而言，200芯就可以满足基本需要。如果对音响效果要求很高，如声音异常逼真等，可考虑300芯音响线。音响线在工作时要防止外界电磁干扰，需要增加锡和铜线网作为屏蔽层，屏蔽层一般厚1~1.3mm（见图2-13）。

（4）电视线

电视线是用于传输视频和音频信号的常用线材，是电视播控机房视频系统和电视信号接收端的重要组成部分，制作质量的好坏直接影响视频通道的技术指标，质量差的视频线有可能造成信号反白，信号严重衰减，设备不同步，甚至信号中断。在视频系统中除有少量控制信号线外，节目信号、同步信号、键控信号等信号都是由电视线传输，因而电视线发生问题是造成设备和系统故障常

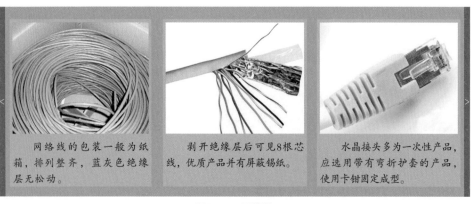

网络线的包装一般为纸箱，排列整齐，蓝灰色绝缘层无松动。

剥开绝缘层后可见8根芯线，优质产品并有屏蔽锡纸。

水晶接头多为一次性产品，应选用带有弯折护套的产品，使用卡钳固定成型。

图2-11　网络线

见的故障源之一。电视线一般分为48网、64网、75网、96网、128网、160网6种。网是外面铝丝的根数，直接决定了传送信号的清晰度和分辨度。线材分2P和4P，2P线具有1层锡和1层铝丝，4P线具有2层锡和2层铝丝（见图2-14）。

电话线要看清包装标识与使用说明，用手拿捏线卷感受是否松散。

现代家装一般都采用4芯产品，能同时传输音频与视频信号。

电话线水晶接头多为一次性产品，使用卡钳固定成型。

图2-12　电话线

音响线内芯缠绕应紧密，单股线需加装屏蔽护套管。

护套音响线内应有防屏蔽层，绝缘层厚度均衡、质地紧密。

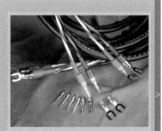
音响线末端接头应采用铜质产品，接头厚实坚固，不能用其他产品替代。

图2-13　音响线

电视线要看清包装标识与使用说明，用手拿捏线卷感受是否松散。

电视线内芯应有屏蔽层，内芯与外芯间隔距离一致，整线能适度弯曲。

电视线末端接头应采用铜质产品，接头厚实坚固，不能用其他产品替代。

图2-14　电视线

第三节　装饰瓷砖

家装中的装饰瓷砖主要是指墙面砖与地面砖，它们是厨房、卫生间、阳台和起居室装修的必备材料，直接影响装修的外观效果。

1. 釉面瓷砖

釉面瓷砖是一种传统的厨房、卫生间墙地面砖，是以高岭土为主要原料，烧结成型的瓷制品。釉面瓷砖的正面有釉，背面呈凸凹方格纹样。由于釉料和生产工艺不同，一般分为白砖、彩釉砖、印花砖等多种。釉面瓷砖质地紧密，美观耐用，易于保洁，孔隙率小，膨胀不显著。由于高岭土开采于地壳深处，仅覆于岩石上，因此也会沾染地壳岩石的放射性物质，具有一定的放射性，不合标准的劣质瓷砖的危害性甚至要大于天然石材（见图2-15）。

墙面砖规格一般为（长×宽×厚）250mm×330mm×6mm、300mm×450mm×6mm、300mm×600mm×8mm等，高档釉面瓷砖还配有相当规格的腰线砖、踢脚线砖、顶脚线砖等，均施有彩釉装饰，且价格昂贵。地面砖规格一般为（长×宽×厚）300mm×300mm×6mm、300mm×600mm×8mm等。

陶瓷墙地砖用量计算方法比较简单，以每平方米为例，250mm×330mm的瓷砖需要12.2块；300mm×450mm的瓷砖需要7.4块；300mm×600mm的瓷砖需要5.6块。在铺贴时遇到边角需要裁切，需计入损耗。

2. 抛光砖

抛光砖又称为通体瓷砖，以高岭土和石材粉末为主要原料，经压机压制后烧制而成，正面和反面色泽一致，不上釉料，表面经过打磨而成。抛光砖的外观光洁，质地坚硬耐磨，通过渗花技术可制成各种仿石、仿木效果，表面也可以加工成抛光、哑

比较任意2片瓷砖，观察色彩是否有差异，对角缝隙是否平整、一致。

将瓷砖放在地面上松手，任其平整倒下，观察是否破裂，破裂则为劣质品。

在瓷砖背面倒洒少量清水，观察水迹扩散范围，扩散范围大则质量较差。

图2-15　釉面瓷砖

光、凹凸等效果。但是抛光砖在使用中容易污染，这是由抛光砖在抛光时留下的凹凸气孔造成的，这些气孔会藏污纳垢，因此，质量好的抛光砖在出厂时都加了一层防污层。抛光砖主要用于客厅、餐厅、厨房地面铺装，由于表面光洁，日常使用容易打滑。抛光砖的商品名称很多，如铂金石、钻影石、丽晶石等，规格通常为（长×宽×厚）500mm×500mm×6mm、600mm×600mm×8mm、

800mm×800mm×10mm、1000mm×1000mm×10mm等（见图2-16）。

3. 玻化砖

玻化砖又称为全瓷砖，是使用优质高岭土强化高温烧制而成的。玻化砖质地为多晶材料，这些晶体具有很高的强度和硬度，其表面光洁而又无需抛光，因此不存在抛光气孔的污染问题。不少玻化砖具有天然石材

在抛光砖背面泼洒少量污水或酱油，观察是否有渗透，有明显渗透的为劣质品。

单手提起抛光砖一角，敲击另一角，声音清脆、明亮，则为优质品。

观察侧边是否弯曲，是否有破损，这些都是鉴别质量优劣的必要手段。

图2-16　抛光砖

家装助手

浸水瓷砖不能用

　　瓷砖在铺贴前都要浸泡2小时左右，这样才能与水泥完全结合，避免铺贴后产生开裂，这一点几乎所有人都知道。但是有的装修业主发现在买回的瓷砖中，有一部分产品背后颜色较深，这就说明这些瓷砖早就被水浸泡过，或是在户外存放被雨水淋湿，或是其他业主退还的多余产品，无论如何，这些都不能再使用了。

　　瓷砖浸水后，水分子进入瓷体空隙中，松解了陶瓷颗粒间的间隙，要在完全干燥前与水泥砂浆接触并铺装成型，铺装后最好能与水泥砂浆一同晾干，这样的铺装结合最紧密。如果浸水后长时间没有铺贴，松解的陶瓷颗粒不会再收缩，再次浸泡也不会继续松解，它与水泥砂浆的黏接度将大幅度降低，铺装后容易脱落，厨房、卫生间就需要长期维修。

的质感，而且更具有高光度、高硬度、高耐磨性、吸水率低、色差少、规格多样化和色彩丰富等优点，其色彩、图案、光泽等都可以人为控制。玻化砖主要用于面积较大的客厅、餐厅地面的铺装。玻化砖规格通常为（长×宽×厚）600mm×600mm×8mm、800mm×800mm×10mm、1000mm×1000mm×10mm、1200mm×1200mm×12mm（见图2-17）。

手掌抚摸玻化砖表面，不应有任何凹凸、疙瘩，应该绝对平整。

双手提起玻化砖，最重的产品自然是优质品，这需比较多种产品才能下结论。

在玻化砖表面泼洒少许清水，用常规鞋底摩擦，不能有明显打滑感觉。

图2-17　玻化砖

家装助手

门界石

门界石是现代装修中的流行材料，通常为1块深色的地砖（抛光砖、玻化砖）或天然石材（黑金砂、啡网纹），将它铺设在两个房间的交界处，交界处一般为门洞，且其中一间房铺设的是地砖。当然，也可以认为它是一种地砖与地砖、地砖与地板之间的过渡材料，这些过渡部位一般磨损较大，故使用深色砖材或石材，既有装饰效果，又有耐磨损的功能（见图2-18）。

图2-18　门界石

4. 锦砖

锦砖又称为马赛克，一般由数十块小砖拼贴而成，小瓷砖形态多样，有方形、矩形、六角形、斜条形等，形态小巧玲珑，具有防滑、耐磨、不吸水、耐酸碱、抗腐蚀、色彩丰富等特点。锦砖按照材质可以分为陶瓷锦砖、石材锦砖、玻璃锦砖等。由于陶瓷质地的锦砖最早运用，故将这种材料划分到装饰陶瓷中来（见图2-19）。

（1）陶瓷锦砖

陶瓷锦砖是最传统的锦砖，贴于牛皮纸上，也称锦砖。陶瓷锦砖分无釉、上釉两种，以小巧玲珑著称，但较为单调，档次较低。

（2）石材锦砖

石材锦砖是中期发展的锦砖品种，丰富多彩，但其耐酸碱性差，防水性能不好，所以市场反映并不是很好。

（3）玻璃锦砖

玻璃锦砖的主要成分是硅酸盐、玻璃粉

等，在高温下熔化烧结而成，它耐酸碱、耐腐蚀、不褪色。玻璃锦砖色彩斑斓，具有很强的美感，是现代家居卫生间风格塑造的主流产品（见图2-20）。

锦砖已经成为许多家庭铺设卫生间墙面、地面的辅助材料，以多姿多彩的形态成为装饰材料的宠儿，备受前卫、时尚家庭的青睐。它一般由数十块小块的砖组成一个相对的大砖，常用整张规格有（长×宽）200mm×200mm、250mm×250mm、300mm×300mm，厚度依次在4～5mm之间。

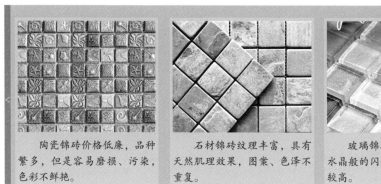
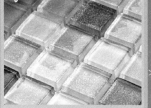

陶瓷锦砖价格低廉，品种繁多，但是容易磨损、污染，色彩不鲜艳。

石材锦砖纹理丰富，具有天然肌理效果，图案、色泽不重复。

玻璃锦砖华丽丰富，具有水晶般的闪烁效果，但是价格较高。

图2-19　锦砖

用手抚摸玻璃锦砖表面，感觉平整且光滑的即为优质产品。

试着剥揭玻璃锦砖，感受是否松动或宜脱落，应该购买质地紧密的产品。

将玻璃锦砖放平，用尺测量单片锦砖的边长，应该无丝毫差异。

图2-20　玻璃锦砖鉴别

第四节　成品板材

成品板材在家装中消耗量最大，品种门类最多，经销商的综合利润也最高。选购时要根据装修设计创意来搭配，以实用、环保为主，不能被华丽的外观所迷惑。

1. 木芯板

木芯板又称为大芯板或细木工板，是使用长短不一的实木条拼合成板芯，在上下两面胶贴1～2层胶合板或其他饰面板，再经过压制而成。它取代了传统家居装修中对原木的加工，使装修施工效率大幅度提高。木芯板的材质有很多种，如杨木、桦木、松木、泡桐等，其中以杨木、桦木为最好，质地密实，木质不软不硬，握钉力强，不易变形。木芯板的加工工艺分为机拼与手拼两种。手工拼制是用人工将木条镶入夹板中，木条受到的挤压力较小，拼接不均匀，缝隙大，握钉力差，不能锯切加工，只适宜做装修的辅助构造，如用做实木地板的垫层板等。而机拼的板材受到的挤压力较大，缝隙极小，拼接平整，承重力均匀，长期使用，结构紧凑不易变形。木芯板主要规格为（长×

木芯板边缘、转角应该锐利、清晰，没有破损，观察表面应无裂纹和缝隙。

抚摸板面应该无凸凹、毛刺、结疤，木料色泽均匀，无拼接痕迹。

使用细齿钢锯切开木芯板，锯切过程中应该无明显阻力，表明木料质地均匀。

锯切板材后观察截面，应该无明显缝隙、裂纹、腐蚀、结疤、色差等瑕疵。

用尺测量板材厚度，应该达到15mm或18mm，误差不超过1mm。

仔细闻木芯板的锯切截面，应该无明显刺鼻气味，不会让人感到流泪。

图2-21　木芯板

宽）2440mm×1220mm，厚度有15mm和18mm两种规格（见图2-21）。

2. 指接板

指接板是在木芯板的基础上改良而成的新型板材，它只采用优质杉木拼接而成，没有在上下层胶贴薄板，接缝部位类似人体的双手十指交错紧握，故名指接板。由于没有上下层薄板，因此，这种板材对原材料的要求比较高，使用胶水较少，一般属于E0级环保材料，对于环保要求比较高的家装工程而言，可以采用指接板制作家具主体框架，使用木芯板制作家具门板，可以与木芯板混合使用。指接板有单层板（厚15mm）与3层板（厚18mm）两种，规格与木芯板相同（见图2-22）。

3. 胶合板

胶合板又称为夹板，是将椴木、桦木、榉木、水曲柳、楠木、杨木等原木经蒸煮软化后，沿年轮旋切或刨切成大张单板，这些多层单板通过干燥后纵横交错排列，使相邻两单板的纤维相互垂直，再经加热胶压而成的一种人造板材。胶合板的层数一般为奇数，如3合板、5合板、7合板、9合板、11合板等，以使各种内应力平衡。胶合板外观平整美观，幅面大，收缩性小，可以弯曲，并可任意加工成各种形态。胶合板的主要规格为（长×宽）2440mm×1220mm，厚度根据层级的数量为3~22mm不等，常见的9mm厚胶合板主要用于家具柜体背部和抽屉底部，对质量的要求较高（见图2-23）。

4. 薄木贴面板

薄木贴面板是胶合板的一种，是新型的高级装饰材料，利用珍贵木料精密薄切制成厚度为0.2~0.5mm的微薄木片，再以胶合板为基层，采用胶粘剂粘接制成。薄木贴面板一般分为天然板和科技板两种，天然薄木贴面板采用名贵木材，如枫木、榉木、橡木、胡桃木、樱桃木、影木等，经过热水处理后刨切或半圆旋切而成，压合并黏结在胶合板上，纹理清晰，质地真实。薄木贴面板具有

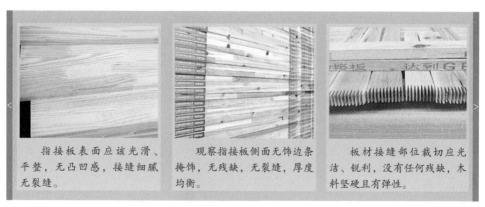

指接板表面应该光滑、平整，无凸凹感，接缝细腻无裂缝。　观察指接板侧面无饰边条掩饰，无残缺，无裂缝，厚度均衡。　板材接缝部位裁切应光洁、锐利，没有任何残缺，木料坚硬且有弹性。

图2-22　指接板

花纹美丽、种类繁多、装饰性好、立体感强的特点，市场上所销售的天然板为优质天然木皮，价格较高，而印刷科技板比较经济实惠。薄木贴面板胶合板的主要规格为（长×宽×厚）2440mm×1220mm×3.5mm（见图2-24）。

胶合板边角轮廓应清晰、锐利、色彩平和，无缝隙、无霉迹。

板材表面平整，没有任何凸凹、结疤，没有明显弯曲、变形感。

切开胶合板观察截面，中间材质应该与表面材质无明显差异。

图2-23 胶合板

薄木贴面板种类繁多，应该根据设计风格和装修预算来选用。

抚摸板材表面，应该无任何细微的凸凹、结疤、裂缝等瑕疵。

薄木贴面板背面应该均匀、平和，无明显凸凹、结疤、裂缝等瑕疵。

切开薄木贴面板观察截面，表面层厚度达到1mm左右即为天然板。

用砂纸打磨板材表面，应该不透底，不造成板面粗糙不均。

用裁纸刀划切板材表面，切缝应平和、挺直，无毛刺感。

图2-24 薄木贴面板

家装助手

挑选装饰线条的方法

装饰线条材料种类繁多，但在装修中多数情况下使用的是木线条。木线条的加工质量是装饰效果的关键，一般分为未上漆木线条和上漆木线条。购置未上漆木线条应先看整根木线条是否光洁、平实，手感是否顺滑、有无毛刺。木线条加工工艺的优劣，对油漆后的形态和视觉效果有直接影响，绝不能选用表面留有刀痕或糙面毛刺的木线条，尤其要注意木线条是否有节子、开裂、腐朽、虫眼等现象。

木线条是否笔直是取舍的重要因素，同时也应观察背面的质量情况。如果有时间、精力，最好购置未上漆木线条，把木线条及家居木装饰一同刷油漆，效果较好。如选用已上漆木线条，可以从背面辨别木质、毛刺多少，仔细观察漆面的光洁度，上漆是否均匀，色度是否统一，有无色差、变色等现象。不同种类的木线条，宽度、长度各不相同，购前最好请木工精打细算，以免造成不必要的浪费。

薄木贴面板在油漆施工时采用清水工艺，也就是涂刷清漆才能看得到木纹。因此，挑选面板要观察面层木皮厚度，厚度越厚越好，油漆施工后实木感越强。面层厚度可直接从板材边缘观察到，另外也可在面板表面滴上清水，如出现透底，则说明面层较薄。基材材质以柳桉为佳，但价格也较高，目前市面上以杨木为多，较差的基材在空气中湿度变化时容易变形，四边翘起。面板纹理外观应排布规则、色泽协调，在距板1.5m处正视应不可见明显黑点、节疤和拼接复贴。

5. 纤维板

装饰纤维板又称为密度板，是以植物纤维为原料的一种人造板，将研磨后的草木碎屑加入添加剂和胶粘剂，通过板坯铸造成型，构造致密，成本低廉，但是对加工精度和工艺要求高。纤维板根据成型的压力不同，分为硬质纤维板、高密度纤维板、中密度纤维板和软质纤维板，其性质与原料种类和制造工艺的不同有很大差异。硬质纤维板的密度为800kg／m³以上，常为一面光滑。中密度纤维板的密度为450～880kg／m³。中、硬质纤维板可替代普通木板或木芯板，制作衣柜、储物柜时可以直接用做隔板或抽屉壁板，使用螺钉连接，无需贴装饰面材，简单方便，而软质纤维板多用做吸声和绝热材料，如墙体吸声板。

现今市场上所售卖的纤维板都是经过了二次加工和表面处理，外表面一般覆有彩色喷塑装饰层，色彩丰富多样，可选择性强。纤维板的主要规格为（长×宽）2440mm×1220mm，厚度为5～18mm不等（见图2-25）。

6. 刨花板

刨花板是一种传统的装饰板材，近年来经过改良后又称为欧松板。它是将新鲜的原木加工成40～100mm长、5～20mm宽、

0.3～0.7mm厚的刨片，经过干燥、施胶、定向铺装、连续热压等工艺制成的一种结构板材（见图2-26）。刨花板作为当今世界发展最迅速的板材产品，正逐渐代替细木工板、胶合板，成为家装行业的主流产品。

高档刨花板稳定性好，不变形，加工方便，可用标准的固定机械设备、电动和手持工具在任意方向上进行切割、钻孔、刨

纤维板边角应锐利、平直，板芯结构应该均匀，无明显空洞。

观察板材表面应该无任何结疤、凸凹、裂纹、色差等瑕疵。

仔细闻纤维板的锯切截面，应该无明显刺鼻气味，不会让人感到流泪。

图2-25　纤维板

刨花板边角应锐利、平直，板芯结构应该均匀，无明显空洞或残缺。

观察板材侧面应该锐利、平直，商品信息文字应该清晰、完整。

高档刨花板的平直度较高，可以用于制作家具门板，刷涂清漆即可。

图2-26　刨花板

家装助手

波纹纤维装饰板

波纹纤维装饰板的基层是中密度纤维板，属于新兴的饰面装饰材料，立体流畅的造型，缤纷多彩的颜色，是目前引导时尚，营造美丽生活空间环境的主流装饰材料，是传统饰面材料的换代产品。主要品种有素板、纯白板、彩色板、金银箔板等，造型优美、工艺精细、高贵大方、结构均匀、尺寸稳定、立体感强。波纹板还可以根据设计要求，定制不同图案、颜色、造型的波纹板（见图2-27、图2-28）。

削、锯加工以及成型加工等。整体均匀性好，任何一处均无接头、缝隙、裂痕，无论中央、边缘或侧面都具有普通板材无法比拟的超强握钉力。可以直接涂刷清漆、涂料或粘贴装饰层，方便易用。刨花板的主要规格为（长×宽）2440mm×1220mm，厚度为3.5~18mm不等。

7. 纸面石膏板

纸面石膏板是以建筑石膏为主要原料，掺入适量添加剂与纤维做板芯，以特制的板纸为护面，经加工制成的板材。纸面石膏板在装修中主要用于隔墙、吊顶的覆面，外观平整度非常高。纸面石膏板的主要规格为（长×宽）2440mm×1220mm，厚度有9mm和12mm两种（见图2-29）。市面上常见的纸面石膏板有以下三类。

（1）普通纸面石膏板

普通纸面石膏板板芯为象牙白色，纸面为灰色，是最为经济与常见的板材，适用于无特殊要求的场所，使用场所连续相对湿度不超过65%。

（2）耐水纸面石膏板

耐水纸面石膏板的板芯和护面纸均经过防水处理，耐水纸面石膏板的纸面和板芯都必须达到一定的防水要求，耐水纸面石膏板适用于相对湿度不超过95%的使用场所。

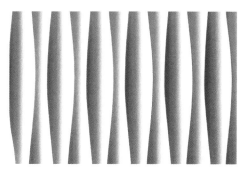

图2-27　波纹纤维装饰板（一）

图2-28　波纹纤维装饰板（二）

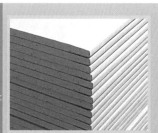

纸面石膏板边角应该锐利、平直，板芯结构应该均匀，无明显空洞或残缺。

纸面石膏板是2张1个包装，板面应该绝对平整，无任何弯曲感。

剥揭表面纸板应该显露出质地均匀的板芯，板芯密度高，无裂痕。

图2-29　纸面石膏板

（3）耐火纸面石膏板

耐火纸面石膏板的板芯内增加了耐火材料和大量玻璃纤维，如果切开石膏板，可以从断面处看见很多玻璃纤维，质量好的耐火纸面石膏板会选用耐火性能好的无碱玻璃纤维，一般的产品都选用中碱或高碱玻璃纤维。

8. 有机玻璃板

有机玻璃板又称为聚甲基丙烯酸甲酯板（PMMA）或亚克力板，是由聚甲基丙烯酸甲酯聚合而成的新型材料（见图2-30）。

有机玻璃板也是一种具有高透明度的塑胶材料，透光率达到92%，比玻璃的透光度高。有机玻璃板的机械强度高，抗拉伸和抗冲击的能力比普通玻璃高7～18倍。它的重量轻，密度为1.18g／cm³，同样大小的材料，其重量只有普通玻璃的一半。有机玻璃板的主要规格为（长×宽）

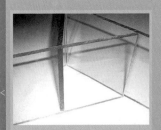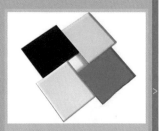

有机玻璃板具有良好的透光性，纯透明板材应该少许偏蓝。	磨砂或肌理效果的板面都有贴纸层保护，可以剥揭开查看装饰效果。	有机玻璃板的色彩品种繁多，可以订购加工磨边产品。

图2-30　有机玻璃板

家装助手

实木家具与板材家具比较

关于实木家具和人造板家具两者之间的差异，虽然体现在很多方面，但在同为合格产品的前提下，应该是没有孰优孰劣的区别的。实木家具最主要的问题是含水率的变化使它易变形，所以不能让阳光直射，室内温度不能过高或过低，过于干燥和潮湿的环境对实木家具都是不合适的。另外实木家具的部件结合通常采用榫结构和胶粘剂，成品一般不能拆卸，搬运时很不方便（见图2-31）。

人造板家具部件的结合通常采用各种金属五金件，装配和拆卸都十分方便，加工精度高的家具可以多次拆卸安装。因为具有多种贴面，颜色和质地方面的变化，可给人以各种不同的感受，在外形设计上也有很多变化，具有个性（见图2-32），而且不易变形。人造板家具的问题多出在环保上，如果以刨花板等材料制作家具，而贴面、封边时又没有将其全部包好，就容易释放对环境造成污染、对人体有害的甲醛。一般来说打开柜门或抽屉，如果有强烈的刺激性气味，则多属甲醛超标。

图2-31　实木家具

图2-32　板材家具

2440mm×1220mm，厚度为3～18mm不等，有机玻璃板主要用于家具中具有透明要求的门板或装饰构造。

9. 地板

地板是装修中的主要材料，可以运用到任何房间中，根据消费状况可以选择以下不同种类的地板。

（1）木地板

木地板是采用天然木材，经加工处理后制成条板或块状的地面铺设材料，含水率控制在10%～15%之间。实木地板对树种的要求相对较高，档次也由树种拉开。一般来说，地板用材以阔叶材为多，档次较高，如榉木、花梨木、檀木、楠木、榆木、核桃木、樟木等。针叶材较少用于实木地板，档次较低，如红松、铁杉、云杉等。近年来，进口木地板用材日渐增多，种类也越来越复杂，如紫檀、柚木、甘巴豆、木夹豆、乌木、印茄木、蚁木等。实木地板具有自重轻、弹性好、构造简单、施工方便等优点，它的魅力在于妙

趣天成的自然纹理和与其他任何装饰物都能和谐相配的特性（见图2-33）。

（2）实木复合地板

实木复合地板是利用木材中的优质部分以及其他装饰性强的材料作表层，而材质较差或质地较差部分的竹、木材料作中层或底层，经高温高压制成的多层结构的地板。目前，常用的3层实木复合地板是采用3层不同的木材粘合制成，表层使用硬质木材，如榉木、桦木、柞木、樱桃木、水曲柳等，中间层和底层使用软质木材，如用松木为中间的芯板，提高了地板的弹性，又相对降低了造价（见图2-34）。

（3）强化复合地板

强化复合地板是由多层不同材料复合而成，其主要复合层从上至下依次为强化耐磨层、着色印刷层、高密度板层、防振缓冲层、防潮树脂层（见图2-35）。强化耐磨层用于防止地板基层磨损；着色印刷层为饰面贴纸，纹理色彩丰富，设计感较强；高密度板层是由木纤维及胶浆经高温高压压制而成

实木地板拼接紧密，纹理自然丰富，无重复感，属于高档地面铺设材料。

抚摸板材表面，应该光滑完整，无任何细微凸凹、结疤、裂纹等瑕疵。

板材背面较粗糙，应有均匀的防滑纹理，并涂刷了防潮底漆。

用砂纸打磨板材表面，应该无任何划痕或毛刺，手感依旧如新。

观察板材侧面企口，应该无毛刺、残缺，板材应该平直无弯曲变形感。

用尺测量板材厚度，实际误差不能超过1mm，且每块板材的厚度都一致。

图2-33　实木地板

实木复合地板纹理自然清晰，无重复感，接缝紧密。

观察板材侧面企口，应该清晰可见多层木料，其中上表层厚度不低于2mm。

观察板材背面，底层板应该完整无残缺，无拼接，应涂刷防潮底漆。

图2-34　实木复合地板

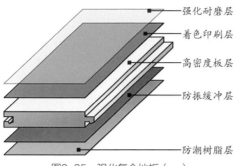

强化耐磨层

着色印刷层

高密度板层

防振缓冲层

防潮树脂层

图2-35 强化复合地板（一）

的；防振缓冲层及防潮树脂层垫置在高密度板层下方，用于防潮、防磨损，起到保护基层板的作用。强化复合地板具有很高的耐磨性，有较大的规格尺寸，安装简便，维护保养简单。但是脚感或质感不如实木地板，此外，地板中所包含的胶合剂较多，游离甲醛释放污染室内环境也要引起高度重视（见图2-36）。

（4）竹地板

竹地板是将竹材经过处理之后制成的地板。与木材相比，竹材作为地板原料有许多特点。竹材的组织结构细密，材质坚硬，具有较好的弹性，脚感舒适，装饰自然而大方，具有优良的物理力学性能，竹材的干缩湿胀小，尺寸稳定性高，不易变形开裂，竹材的力学强度也比木材高，耐磨性好，色泽淡雅，色差小，纹理通直且很有规律，竹节上

强化复合地板的色彩、纹理多样，很少见到重复图案。

抚摸板材表面应该绝对平整，没有任何细微凸凹、裂纹、结疤等瑕疵。

观察板材背面应该有防潮层，产品标识应整齐、清晰、完整。

观察板材侧面企口，应该平直、竖挺，且无染色涂层。

用砂纸打磨板材表面应该无任何透底、粗糙感，不会产生任何划痕。

将同一系列但不同色彩的板材拼接在一起，观察是否牢固。

图2-36 强化复合地板（二）

有点状放射性花纹，有特殊的装饰性（见图2-37）。

10. 吊顶扣板

（1）塑料扣板

塑料扣板又称为PVC板，是以聚氯乙烯树脂为基料，加入增塑剂、稳定剂、染色剂后经过挤压而成。板材重量轻、安装简便、防水、防蛀虫，表面的花色图案变化也非常多，并且耐污染、好清洗，有隔声、隔热的良好性能，特别是新工艺中加入阻燃材料，使其能够离火即灭，使用更为安全。不足之处是与金属材质的吊顶板相比，使用寿命相对较短。

塑料扣板外观呈长条状居多，条型扣板宽度为200~450mm不等，长度一般有3m和6m两种，厚度为1.2~4mm。塑料扣板通过专配图钉直接钉接在吊顶龙骨上，板材之间相互扣接，能遮掩住龙骨，外观光洁，色彩华丽。

选购塑料扣板时，除了要向经销商索要质检报告和产品检测合格证之外，可以目测外观质量，板面应该平整光滑，无裂纹，无磕碰，能拆装自如，表面有光泽而无划痕，

家装助手

家具摆放影响地板质量

如果地板出了问题，业主首先想到的不是地板质量有问题，就是铺装有问题。房间中间位置的复合木地板接缝处如果出现了4mm的裂缝，就可以认定是地板质量有问题，由于冬季气候干燥，再加上暖气烘烤，复合木地板会出现整体收缩，一般幅度很小，不会影响外观和使用。而与地板铺装方向平行的两面墙边，一边摆着音响设备，另一边摆放着大衣柜，衣柜前还有一套沙发。当空气干燥，木地板整体收缩时，墙边的木地板被重物压得无法收缩，只好集中在房间中央释放，以致裂开了大口子。因此，在气候干燥的冬季，最好能保持一定的室内湿度，或者把家具挪动一下，别把较重的家具摆放得太集中，让木地板受力均匀，有喘气的余地。

竹地板纹理锐利清晰，无重复感，接缝自然、紧密，手感很凉爽。

观察板材截面，看纹理是否与板面一致，是否经过防腐处理。

观察板材背面是否有防潮贴纸，贴纸粘贴是否紧密。

图2-37 竹地板

用手敲击板面声音清脆。塑料扣板吊顶由40mm×30mm的木龙骨组成骨架，在骨架下面装钉塑料扣板，这种吊顶更适合于装饰卫生间顶棚。PVC吊顶型材若发生损坏，更新十分方便，只要将一端的压条取下，将板逐块从压条中抽出，用新板更换破损板，再重新安装好压条即可，在更换时应该注意尽量减少色差（见图2-40）。

家装助手

木质装饰线条选购要点

装饰线条是成品板材的必备辅材，其中木质装饰线条应用最多，它具有材质易成型、加工方便、花纹种类繁多和花型细腻等特点。选购木质装饰线条首先讲求平整度，观察线条是否已因吸潮而变形。其次注意色差，每根木线的色彩应均匀，没有霉点及污迹。最后，型材表面应光洁，手感光滑，质感好。木质装饰线条需用油漆饰面，以提高花纹的立体感和保护木质表面不被腐蚀。幻彩花边类表面已经过处理，可直接使用（见图2-38、图2-39）。

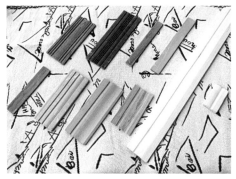

图2-38　木质装饰线条（一）

图2-39　木质装饰线条（二）

塑料扣板花色品种多，价格低廉，一般用于面积不大的厨房、卫生间。

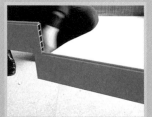

将两块板材插接起来，感受应无阻力，企口平滑但不松动。

制作完成的吊顶板面应绝对平整，并配置完整的边角线条。

图2-40　塑料扣板

（2）塑钢扣板

塑钢扣板是由第一代吊顶材料PVC改进而来的，也称为UPVC。塑钢扣板的优点是价格较低廉，保温隔声性能好，色彩丰富，制作安装简便。但是塑钢板的强度低，易扭曲，不环保（UPVC不可回收再利用），耐候性差，燃烧时会释放有毒气体。塑钢扣板并不是越硬越好，因为有些虽然很硬，但是却很脆，可以用手掰一掰样品，比较软的材料一般是再生塑料。一般来说，同等材质的材料，双层的比单层的在刚性或防变形方面会好些（见图2-41）。

塑钢扣板的质量比普通塑料扣板更上一筹，更加坚硬、挺拔。

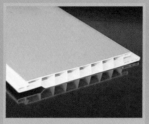

观察板材截面厚度，一般为普通塑料扣板的3倍，色彩涂层更清晰。

安装后装饰效果不亚于金属扣板，具有很高的审美效果。

图2-41 塑钢扣板

家装助手

购买铝扣板警惕骗局

和其他五金产品相比，购买铝扣板一般都包含有运输和安装费用。有的材料经销商为了达到吸引装修业主购买的目的，则以低安装费用诱惑消费者下单。一般轻钢龙骨的安装费用大约在40元/m²以上，装修公司报价都在50元/m²以上。如果有经销商给出15元/m²的报价，到了施工中，工艺粗糙，本来一天干完的活，2小时结束了，可能在其他地方有骗局，如偷梁换柱给的是假货等。

吊顶的花费由三部分组成：其一是铝扣板的钱；其二是边角的材料钱，一般经销商会根据装修业主的情况计算出边角的用量；其三是人工费，应该包括所有辅料，如上面提到的15元/m²的安装费，有些就是一种欺骗消费者的行为，经销商说是15元，其实只是人工费，不含任何辅料，当现场安装时，业主就要自己出去买龙骨、钉子等，最后算一下花在辅料上的钱、运费和搭上的时间、精力，恐怕都不止30元了。

另外，铝扣板购买还有一个误区，就是板材的厚度越厚越好。其实，有些杂牌产品用的是易拉罐的铝材，这种铝材本身无法做得很薄，因此，鉴别铝扣板，除了要注意表面的光洁度外，还要观察板材薄厚是否均匀，用手捏一下板材感觉一下，弹性和韧性是否好。

（3）金属扣板

金属扣板一般以铝制板材和不锈钢板材居多，表面通过吸塑、喷涂、抛光等工艺加工，光洁艳丽，色彩丰富，并逐渐取代了塑料扣板。由于金属扣板耐久性强，不易变形、开裂，也可以用于公共空间吊顶装修。

金属扣板与传统的吊顶材料相比，在质感和装饰感方面更优。金属扣板分为吸声板和装饰板两种，吸声板孔型有圆孔、方孔、长圆孔、长方孔、三角孔、大小组合孔等，底板大都是白色或铝色；装饰板特别注重装饰性，线条简洁流畅，有古铜、黄金、红、蓝、奶白等颜色可以选择。由于金属板的隔热性能较差，为了获得一定的吸声、隔热功能，在选择金属板进行吊顶装饰时，可以利用内加玻璃棉、岩棉等保温吸声材质的办法达到隔热吸声的效果。

金属扣板外观形态以长条状和方块状为主，均由0.6mm或0.8mm金属板材压模成型，方块型材规格多为（长×宽）300mm×300mm、400mm×400mm、500mm×500mm、600mm×600mm（见图2-42）。

方形金属扣板表面应该绝对平整，铝合金板材的厚度不低于0.7mm。	条形金属扣板接缝应该绝对紧密，无任何缝隙，一般使用双色拼接。	金属扣板的安装效果最佳，具有类似于瓷砖的反光饰面。

图2-42　金属扣板

面对覆有塑料包装的板材，一定要打开包装仔细查验。	不要购买侧边覆有白灰的板材，白灰必定会覆盖缝隙和腐蚀。	不要购买商品标签粘贴不规范的产品，优质板材的标签都是机器统一粘贴的。

图2-43　板材外观鉴别

板材上华丽的外衣

木质板材是装修中用量最大的材料，主要包括木芯板、指接板、胶合板、薄木装饰板和纤维板等，现代家居装修对这些板材的质量要求很高，既要结实耐用，又要绿色环保。很多经销商为了提升价格，促进销量，对板材作一系列包装，将低档板材包装成"高档"板材，严重侵害了装修业主的利益，下面就介绍几种识别方法（见图2-43）。

1. 封装塑料薄膜

低档板材的质量很容易被识别，于是很多经销商给每张板材封装塑料薄膜，装修业主无法直观感受材料的真实质地，甚至看不清其中的纹理，容易被塑料薄膜所误导，认为经过封装的材料就是高档产品。当装修业主要求撕开薄膜验货时，经销商会拿出事先准备好的开封板材，质量肯定令人满意，然而实际发货的产品确大相径庭，严重侵害业主的利益。对此，在购买板材时一定要打开包装仔细查验，至少要抽样检查。

2. 腻子粉掩盖

木芯板和胶合板的板面一般都很平整，关键在于板材的侧面，板芯的材料质量和拼接工艺都能从这里看出。为了遮掩瑕疵，很多厂家采用腻子粉刮涂在板材侧面，使其变为平整的单色，最后打上激光文字标识，给人很"高档"的感觉。装修业主如果看到板材的侧边有米黄色或灰白色的腻子粉，基本可以断定该板材质量有问题。因此，尽量不要买涂有腻子粉的产品，这类产品基本都是"欲盖弥彰"。

3. 自制防伪标签

现在几乎所有的品牌产品都贴有防伪标签，或是全息激光图案，或是电话验证码。正宗装饰材料的单价较高，通常也采用电话验证码的方式来鉴别。于是，低档板材也纷纷"东施效颦"，穿起高科技"防伪"外衣。一般的材料商只是将正宗商品的验证码复制印刷在多件板材的标签上，普通装修业主不会一个一个刮开并通过电话验证，很难发现这些板材的验证码是重复的。更"安全"的方法是将8～10个正宗商品的验证码交替印刷在多件板材的标签上，即使装修业主随机刮开2～3个号码，也很难发现重复。最高级的伪造方式就是生产厂家去电信局申请一个400或800的查询电话，完全自主编制验证号码，这样一来，就"天衣无缝"了。当然，现在很多低档板材的厂家也都有自己的独立品牌和查询电话，给装修业主造成错觉，认为能通过电话验证的就是高档材料。

第五节　装饰玻璃

装饰玻璃作为家居装修的点缀，适用于各种家具、构造上，它凭借晶莹透亮、反光性高的材质特性与其他装饰材料形成对比，具有很强烈的装饰美感。

1. 平板玻璃

平板玻璃又称为白片玻璃或净片玻璃，表面平整而光滑，是具有高度透明性能的板状玻璃的总称，是装修中用量最大的玻璃品种，它可以作进一步加工，是加工成其他装饰玻璃的基础材料，厚度一般为3～15mm（见图2-44）。

平板玻璃可以通过着色、表面处理、复合等工艺制成具有不同色彩和特殊性能的玻璃制品。钢化玻璃就是采用普通平板玻璃通过加热到一定温度后再迅速冷却的方法进行特殊处理的玻璃，它的强度较是普通玻璃提高数倍，提高强度的同时亦提高了安全性。钢化玻璃使用安全，其承载能力增大改善了易碎性质，即使钢化玻璃破坏也呈无锐角的

图2-44　平板玻璃门

小碎片，对人体的伤害极大地降低了。钢化玻璃还能承受150℃以上的温差变化，对防止热炸裂有明显的效果。此外，钢化玻璃还具有热稳定性好，表面光洁、透明，能耐酸、耐碱等特性（见图2-45）。

2. 磨砂玻璃

磨砂玻璃是在平板玻璃的基础上加工而成的，一般使用机械喷砂工艺，将玻璃表面

平板玻璃表面应该绝对平整，透光性好，一般偏绿的产品硬度较高。

钢化玻璃一般厚度较大，必须经过磨边处理，防止对人身造成伤害。

钢化玻璃都可以热弯加工，但是弯曲角度、弧度有固定要求，且价格较高。

图2-45　平板玻璃

处理成均匀毛面，表面朦胧、雅致，具有透光不透形的特点，能使室内光线柔和不刺眼，所形成的最终产品又称为喷砂玻璃，其中单面喷砂质量要求均匀，价格比双面喷砂玻璃高。磨砂玻璃由于表面粗糙，只能透光而不能透视，一般用于卫生间的门窗上（见图2-46）。

3. 压花玻璃

压花玻璃又称为花纹玻璃或滚花玻璃，是采用压延方法制造的一种平板玻璃，表面有各种图案花纹，给人美观、素雅、清新的感觉，花纹立体感强，配置灯光效果更佳。压花玻璃的理化性能基本与普通透明平板玻璃相同，仅在光学上具有透光不透明的特点，表面凹凸不平而具有不规则的折射光线，可将集中光线分散，可使光线柔和，并具有隐私的屏护作用和一定的装饰效果，适用于各种隔断或门板上（见图2-47）。

4. 雕花玻璃

雕花玻璃又称为雕刻玻璃，是在普通平板玻璃上，用器械在玻璃上雕刻出各种深浅

不同的痕迹图案或花纹的玻璃。雕花玻璃是艺术玻璃的基础，它就像传统水墨画一样经久不衰，雕花图案透光不透形，有立体感，层次分明，效果高雅，还可以配合喷砂效果来处理，图形、图案丰富。在家装中，雕花玻璃很有品位，所绘图案一般都具有个性创意，能够反映家居空间的情趣所在和业主对美好事物的追求（见图2-48）。

5. 彩釉玻璃

彩釉玻璃是在玻璃表面涂敷一层易熔性色釉，然后加热到釉料熔化的温度，使釉层与玻璃表面牢固地结合在一起，经烘干、钢

图2-47　压花玻璃

图2-46　磨砂玻璃

图2-48　雕花玻璃

化处理而制成的玻璃装饰材料。它采用的玻璃基板一般为平板玻璃和压花玻璃。彩釉玻璃釉面永不脱落，色泽及光彩保持常新，背面涂层能抗腐蚀，抗真菌，抗霉变，抗紫外线，能耐酸，耐碱，耐热，不老化，防水，更能不受温度和天气变化的影响。它可以制成透明彩釉，聚晶彩釉和不透明彩釉等品种。彩釉玻璃颜色鲜艳，个性化选择余地大，超过上百余种可供挑选。目前市面上又出现了烤漆玻璃，工艺原理与彩釉相同，但是漆面较薄，容易脱落，价格相对较低（见图2-49）。

图2-49　彩釉玻璃

6. 夹层玻璃

夹层玻璃是一种安全玻璃，它是在2片或多片平板玻璃之间，嵌夹以聚乙烯醇缩丁醛为主要成分的PVB（聚乙烯醇丁醛）树脂胶片，再经过热压黏合而成的平面或弯曲的复合玻璃制品。夹层玻璃一般采用钢化玻璃，破碎时玻璃碎片不会零落飞散，只会产生辐射状裂纹，不伤人。抗冲击强度优于普通平板玻璃，防范性好，并有耐光，耐热，耐湿，耐寒，隔声的特殊功能（见图2-50）。

7. 夹丝玻璃

夹丝玻璃是一种安全玻璃，它将普通平板玻璃或磨光玻璃、彩色玻璃加热到红热软化状态，再将预热好的金属丝网或金属丝压入玻璃中间而制成。夹丝玻璃的表面可以是压花或磨光，颜色可以是无色透明或彩色（见图2-51）。

夹丝玻璃即使被打碎，玻璃中的夹丝也能支住碎片，很难崩落和破碎，因此，它的耐冲击性和耐热性好，在外力作用和温度剧变时，玻璃破而不散、裂而不缺，可避免带棱角的玻璃碎块飞出伤人。即使玻璃破碎，

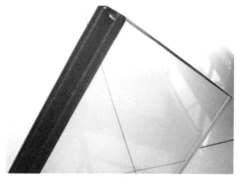

图2-50　夹层玻璃

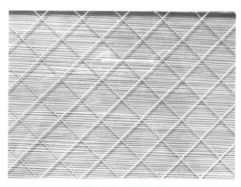

图2-51　夹丝玻璃

仍有金属网在起作用，因此夹丝玻璃具有一定的防盗性。

8. 中空玻璃

中空玻璃由2层或2层以上的平板玻璃原片构成，四周用高强度气密性复合胶粘剂将玻璃与铝合金边框、橡皮条、玻璃条黏结密封。中空玻璃之间充入干燥气体，还可以涂上各种颜色或不同性能的薄膜，框内充以干燥剂，以保证玻璃原片间空气的干燥度。中空玻璃的主要功能是隔热隔声，近年来，随着人们对住宅节能的认知度提高，中空玻璃广泛运用于门窗和室内装饰隔断上（见图2-52）。

9. 玻璃砖

玻璃砖是一种隔声，隔热，防水，节能，透光良好的非承重装饰材料，由2块半坯在高温下熔接而成，装饰效果高贵典雅、富丽堂皇。一般住宅里都不希望出现无光房间，即使走道也希望有光线。玻璃砖做隔墙，既有区隔作用，又可把光引进室内，且有良好的隔声效果（见图2-53、图2-54）。

玻璃砖可提供良好的采光效果，并有延续空间的感觉。不论是单块镶嵌使用，还是整片墙面使用，皆可有独特装饰效果。玻璃砖的款式有透明玻璃砖、雾面玻璃砖、纹路玻璃砖几种。玻璃砖的种类不同，光线的折

图2-52 中空玻璃

图2-53 玻璃砖（一）

玻璃砖质地厚重，透光性好，有很多纹理、图案供选择。

抚摸玻璃砖表面，手感十分光滑，轻微起伏，四角完整且钝厚。

测量厚度，4边厚度应该一致，根据玻璃砖厚度来设计周边隔墙。

图2-54 玻璃砖（二）

家装助手

玻璃密封胶的选用

1. 丁基胶

它是铝条式中空玻璃的首道密封，它是一种热融性胶，具有很低的水汽透过率（在中空玻璃胶中最低）较高的黏性，是铝条侧面和玻璃之间阻挡水汽的最有效屏障，但它需由专用机器加热、加压、挤出涂抹在铝条两侧。

2. 聚硫胶

聚硫胶是目前玻璃密封胶中用量最大的一种，聚硫胶具有良好耐油性、耐溶性及密封性。双组分聚硫胶色差分明，有效期在半年以上；抗紫外线能力强，有良好的流动性和固化弹性。

3. 硅硐胶

硅硐密封胶具有结构性、耐老化性及抗紫外线性能，但它的弱点是容易透过水汽。故而硅硐胶适用于在光照强、环境差的地方，如玻璃幕墙等，同时必须使用丁基胶做第一道密封。

射程度也会有所不同。玻璃砖可供选择的颜色有多种。玻璃的纯度是会影响到整块砖的色泽，纯度越高的玻璃砖，相对的价格也就越高。没有经过染色的透明玻璃砖，如果纯度不够，其玻璃砖色会呈绿色，缺乏自然透明感。值得注意的是，由于单价较高，应用时可以与其他装饰材料混用，或作为点缀，营造良好的采光效果。

第六节　壁纸织物

壁纸织物色彩，质地，款式繁多，是增显装修档次的最佳材料。它是介于硬装修和软装饰之间的一种半成品型材，适用性很强。

1. 塑料壁纸

塑料壁纸是目前生产最多、销售最快的一种壁纸，它是以优质木浆纸为基层，以聚氯乙烯塑料（简称PVC树脂）为面层，经过印刷、压花、发泡等工序加工而成（见图2-55）。其中作为塑料壁纸的底纸，要求能耐热，不卷曲，有一定强度，一般为80～100g／m²的纸张。塑料壁纸品种繁多，色泽丰富，图案变化多端，有仿木纹，石纹，锦缎，仿瓷砖，黏土砖等多种纹理。在视觉上可以达到以假乱真的效果。

2. 纺织壁纸

纺织壁纸是壁纸中较高级的品种，主要采用丝，羊毛，棉，麻等纤维织成，质感佳、透气性好，用它装饰居室，给人以高雅，柔和，舒适的感觉。纺织壁纸又分为以下几种产品。

（1）锦缎壁纸

锦缎壁纸又称为锦缎墙布，是更为高级的壁纸产品，缎面织有古雅精致的花纹，色泽绚丽多彩，质地柔软，裱糊的技术性和工艺性要求很高，但是价格比较高，属于室内高级装饰品。

（2）棉纺壁纸

棉纺壁纸是将纯棉平布处理后，经印花、涂层制作而成，具有强度高，静电小，蠕变性小，无光，无味，吸声，花型繁多，色泽美观等特点，适用于抹灰墙面、混凝土墙面、石膏板墙面、木质板墙面、石棉水泥墙面等基层粘贴。

（3）化纤壁纸

化纤是以涤纶，腈纶，丙纶等化纤布为基材，经处理后印花而成，其特点是无味，透气，防潮，耐磨，不分层，强度高，质感柔和，耐晒，不褪色，适用于各种基层粘贴（见图2-56）。

3. 天然壁纸

天然壁纸是一种用草、麻、木材、树叶等自然植物制成的壁纸，也有用珍贵树种木材切成薄片制成。风格古朴自然，素雅大方，生活气息浓厚，给人以返璞归真的感受。这种材质的壁纸透气性能相当好，能将墙体和施工过程中的水分自然地排到外面干燥，因

塑料壁纸价格低廉，花色品种繁多，施工简单，应用广泛。

购买塑料壁纸可以预先翻阅样本图册，根据设计风格来选择产品。

注意观察塑料壁纸背面，纸张需有一定强度，拉扯后不能破裂、变形。

图2-55　塑料壁纸

家装助手

纯纸壁纸环保性好

纯纸壁纸由纸浆制成。其突出的特点是环保性能好，而且由于纯纸壁纸的图案多是由印花工艺而成，所以图画逼真。缺点是耐水、耐擦洗性能差，施工时要求技术难度高，一旦操作不当，容易产生明显接缝。目前纯壁纸多来自美国，表面做过防水处理，用一般的湿布擦拭没有问题。另外，纯纸的壁纸因纸浆的级别不同而分成不同的档次。挑选时翻动纸张观察，如果纸质硬且白度好的就是好纸，而纸浆不好的纸质明显偏软。

此不容易卷边，也不会因为天气潮湿而产生霉变。它能将墙壁里的潮气透出来自然干，而且不会留下任何痕迹，不容易褪色，色泽自然典雅，无反光感，具有极好的上墙效果。天然壁纸可以在同系列壁纸上重复张贴，产品更新时无需将原有墙纸铲除（凹凸纹除外），可直接张贴在原有墙纸上，省钱省力，并得到双重墙面保护（见图2-57）。

维的短绒植于纸基上而成。常用于点缀性局部装饰。静电植绒壁纸有丝绒的质感和手感，不反光，有一定的吸声效果，无气味，不褪色，既有植绒布所具有的美感和极佳的消声，杀菌，耐磨特性，又具有一般装饰壁纸所具备的容易粘贴性能。其特点是完全环保，不掉色，密度均匀，手感好，花型，色彩丰富（见图2-58）。

4. 静电植绒壁纸

静电植绒壁纸是用静电植绒法将合成纤

5. 金属膜壁纸

金属膜壁纸是在纸基上涂布一层电化铝

锦缎壁纸价格较高，一般用于古典风格家居装修，具有较强反光性。

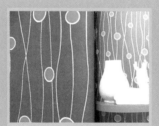
棉纺壁纸比较柔和，手感好，但是容易污染，需要经常做保洁。

化纤壁纸强度很高，装饰质感较好，有自然的凸凹感。

图2-56　纺织壁纸

图2-57　天然壁纸

图2-58　静电植绒壁纸

箔薄膜（仿金、银），再经压花制成而制得（见图2-59）。金属膜壁纸具有不锈钢、黄金、白银、黄铜等金属的质感与光泽。装饰效果华贵，耐老化，耐擦洗，无毒，无味，无静电，耐湿，耐晒，可擦洗，不褪色等特点。金属膜壁纸高贵华丽，现代家居一般只作局部采用。

6. 液体壁纸

液体壁纸是一种新型的艺术装饰涂料，为液态桶装，通过专用滚筒模具，在墙面上做出风格各异的图案。液体壁纸主要取材于

图2-59　金属膜壁纸

天然贝壳类生物的壳体表层，黏合剂也选用无毒、无害的有机胶体，是真正的天然、环保产品。

液体壁纸不仅克服了乳胶漆色彩单一、无层次感及墙纸易变色，翘边，起泡，有接缝，寿命短的缺点，还具备乳胶漆易施工、寿命长的优点和普通壁纸图案的精美，是集乳胶漆与墙纸优点于一身的高科技产品。近年来，液体壁纸产品开始在国内盛行，装饰效果非常好，受到众多消费者的喜爱，成为墙面装饰的最新产品（见图2-60）。

7. 纯羊毛地毯

纯羊毛地毯主要原料为粗绵羊毛，它毛质细密，具有天然的弹性，受压后能很快恢复原状，它采用天然纤维，不带静电，不易吸尘土，还具有天然的阻燃性。纯羊毛地毯图案精美，色泽典雅，不易老化，褪色，具有吸声，保暖，脚感舒适等特点，它是高档的地面装饰材料，备受人们的青睐。纯羊毛地毯可以分为手工编织和机械编织两种。

液体壁纸就是一种墙面涂料，只不过配套产品较少，相对涂料要厚实些。

液体壁纸的图案、纹理可以任意搭配，具有很强的创意性。

图案滚筒一般为赠送，也可以根据设计要求定制加工。

图2-60　液体壁纸

（1）手工编织纯羊毛地毯

采用优质绵羊毛纺纱，用现代染色技术染出最牢固的颜色，通过精湛的技巧织成瑰丽图案后，再以专用机械平整毯面或周边，最后用化学方法洗出丝光。手工编织纯羊毛地毯具有图案优美，色泽鲜艳，质地厚实，富有弹性，柔软舒适，保温隔热、吸声隔声等特点。

（2）机织纯羊毛地毯

具有毯面平整，光泽好，富有弹性，脚感柔软，抗磨耐用等特点，其性能与纯羊毛手工地毯相似，但价格远低于手工地毯，其回弹性、抗静电、抗老化、耐燃性等都优于化纤地毯（见图2-61）。

8. 混纺地毯

混纺地毯是以毛纤维与各种合成纤维混纺而成的地面装修材料，因掺有合成纤维，所以价格较低，使用性能有所提高。例如，在羊毛纤维中加入20%的尼龙纤维混纺后，可使地毯的耐磨性提高5倍。

混纺地毯在图案花色、质地和手感等方面，与纯羊毛地毯相差无几，装饰性能不亚于纯羊毛地毯，并且价格比纯羊毛地毯便宜得多，同时还克服了纯羊毛地毯不耐虫蛀和易腐蚀等缺点，在弹性和脚感方面又优于化纤地毯（见图2-62）。

9. 化纤地毯

化纤地毯的出现是为了弥补纯羊毛地毯价格高，易磨损的缺陷，其种类较多，主要有尼龙、锦纶、腈纶、丙纶和涤纶地毯等。化纤地毯中的锦纶地毯耐磨性好，易清洗、不腐蚀、不虫蛀、不霉变。腈纶地毯柔软、保暖、弹性好，在低伸长范围内的弹性恢复力接近于羊毛，比羊毛毛质轻，不霉变、不

图2-62　混纺地毯

| 纯羊毛地毯要求具有一定厚度，单层一般不低于20mm。 | 纯羊毛地毯手感柔和，具有很强的弹性，是高档家居装修的必备品。 | 纯羊毛地毯的图案、纹理不多，但是根据设计要求来选择。 |

图2-61　纯羊毛地毯

腐蚀、不虫蛀。丙纶地毯质轻、弹性好、强度高，原料丰富，生产成本低。涤纶地毯耐磨性仅次于锦纶，耐热、耐晒，不霉变、不虫蛀，但染色困难（见图2-63）。

化纤地毯一般由面层、防松层和背衬三部分组成。面层以中、长簇绒制作。防松层以氯乙烯共聚乳液为基料，添加增塑剂、增稠剂和填充料，以增强绒面纤维的固着力。背衬是用胶粘剂与麻布胶合而成。化纤地毯

图2-63　化纤地毯

家装助手

挑选地毯的方法

1. 风格的定位

地毯的风格主要分为古典、欧式、现代、抽象等，居室的装修风格不同就要配以相应风格的地毯。比如，红木家具配古典传统的地毯，欧式宫廷家具配欧式风格的地毯，板式家具配现代风格的地毯，而另类的装修风格就可配抽象的地毯等。

2. 尺寸的大小

地毯的尺寸是根据所要铺置地毯的地面尺寸大小而定，一般没有固定的限制，总之你有多大地方就可以铺多大的地毯，但最好能使地毯全部展现。例如，茶几下的地毯尺寸就要根据沙发前的位置大小而定，当然，如果客厅很大，尺寸也将不受限制，能将沙发和茶几全部包裹进来的地毯会更显大气磅礴，尊贵典雅。

3. 色彩的搭配

选择不同色彩的地毯要根据家具、沙发、茶几、地板、墙壁、窗帘以及整体居室的色调而定，与整体色调相融的搭配更为柔和。还有与居室色彩反差大的地毯，呈现出鲜明的对比，突出主人的个性，则为差异型搭配。

4. 图案的协调

在确定了风格及色彩之后，地毯图案的选择主要根据家具的样式及茶几的摆放位置。使用透明玻璃茶几或茶几摆于沙发边时，整个地毯都是展现的，则无所谓主题花型的位置。

5. 质地的适宜

不同档次的居室和不同的房间位置应选择合适质地的地毯。一般来说，豪华的别墅内适合高档的手工地毯。卧室多用于厚实、松软的地毯。客厅多用于耐磨、抗倒压、弹性好的地毯。厨卫浴室多用于防滑、吸水、易清洗的地垫。大门口、室外多用于防滑、防水、耐磨、耐晒的地垫（见图2-65）。

相对纯羊毛地毯而言，比较粗糙，质地硬，一般用于书房办公桌下，减少转椅滑轮与地面的摩擦。

10. 剑麻地毯

剑麻地毯属于植物纤维地毯，以剑麻纤维为原料，经纺纱编织，涂胶及硫化等工序制成。产品分素色和染色2种，有斜纹、鱼骨纹、帆布平纹、多米诺纹等多种花色。

剑麻地毯具有耐酸、耐碱、耐磨、尺寸稳定、无静电现象等优点，与纯羊毛地毯相比，更为经济实用。但是，剑麻地毯的弹性与其他地毯相比，就要略逊一筹，手感也较

为粗糙，一般用于门厅、书房或露台阳光房地面局部铺设（见图2-64）。

图2-64　剑麻地毯

选择地毯首先要考虑风格，要与家具和室内陈设相匹配。

地毯的尺寸大小要根据铺设环境和周边家具来定，或者先买地毯再订家具。

地毯质地应柔和、自然、富有弹性，不能有毛发脱落。

地毯色彩要与家具、墙壁、陈设品相呼应，形成统一完整的家居环境。

地毯簇绒应高低一致，长短均衡、色彩对比鲜明，无杂质、无错结。

观察地毯背面材质，应该均衡、平整，无多余线头。

图2-65　地毯挑选

第七节　油漆涂料

油漆涂料是家具、墙顶面的表面涂饰材料，是家装的最后工序，它的色彩、质感直接影响装饰效果。

1. 清油清漆

清油又称熟油、调漆油，它是以精制的亚麻油等软质干性油加部分半干性植物油，经熬炼并加入适量催干剂制成的浅黄至棕黄色黏稠液体。清油一般用于调制厚漆和防锈漆，也可以单独使用，主要用于木制家具底漆，在装修中对门窗、护墙裙、暖气罩、配套家具等作基础涂刷，可以有效地保护木质装饰构造不受污染（见图2-66）。

清漆俗称凡立水，是一种不含颜料的透明涂料，是以树脂为主要成膜物质，分为油基清漆和树脂清漆两类。油基清漆含有干性油，树脂清漆不含干性油。常用的清漆种类繁多，一般多用于木器家具、金属构造的表面，尤其是门窗扶手等细部构造的涂饰，具有较好的干燥性。

2. 厚漆

厚漆又称为混油或铅油，是采用颜料与干性油混合研磨而成的产品，外观黏稠，需要加清油溶剂搅拌方可使用。这种漆遮覆力强，可以覆盖木质材料纹理，与面漆的黏结性好，经常在涂刷面漆前用作打底，也可以单独用作面层涂刷，但是漆膜柔软，坚硬性较差，适用于对外观要求不高的木质材料打底漆和金属焊接构造的填充材料。

厚漆使用简单，色彩种类单一，传统的使用方法是直接涂刷在木质、金属构造表面，现在以厚漆装饰为主的装饰设计风格在众多的装饰风格中脱颖而出，它以丰富活泼的色彩，良好的视觉效果而深受大众喜爱（见图2-67）。

3. 水性木器漆

水性漆是以水作为稀释剂的漆，无毒环保，当前水性木器漆品牌众多，按照主要成分的不同，分为以下三类。

清油一般用于家具底层涂刷，具有较强的封闭性，能防止灰尘进入木质纤维。

清油质地光亮、黏稠，呈透明状，需要配合稀释剂使用。

经过打磨后的实木地板涂刷清油后光亮如初，具有很好的翻新效果。

图2-66　清油清漆

（1）丙烯酸水性木器漆

它的主要特点是附着力好，不会加深木器的颜色，但耐磨及抗化学性较差，漆膜硬度较软，丰满度较差，综合性能一般，施工易产生缺陷，其优点是价格便宜。

（2）丙烯酸与聚氨酯合成水性木器漆

它除了秉承丙烯酸漆的特点外，又增加了耐磨及抗化学性强的特点，有些企业标为水性聚酯漆。漆膜硬度较好，丰满度较好，综合性能接近油性漆。

（3）聚氨酯水性木器漆

这种产品综合性能优越，丰满度高，漆膜硬度强，耐磨性能甚至超过油性漆，使用寿命、色彩调配方面都有明显优势，为水性漆中的高级产品（见图2-68）。

4. 硝基漆

硝基漆是目前比较常见的木器漆，它是以硝化棉为主，配合醇酸树脂、松香树脂等软硬树脂共同组成的调和漆。硝基漆装饰作用较好，施工简便，干燥迅速，对涂装环境的要求不高，具有较好的硬度和亮度，不易出现漆膜弊病，容易修补。缺点是固体含量较低，需要较多次数涂装才能达到较好的效

厚漆使用简单、方便，即开即用，需要配合稀释剂使用。

厚漆颜色丰富，其中浅色比较细腻，深色比较黏稠，应根据设计要求选用。

厚漆用于门窗构造涂刷，耐久性好，但是容易受污染，要时常保洁。

图2-67　厚漆

水性木器漆一般购买套装产品，包含主漆、光泽剂、稀释剂等多种组合。

水性木器漆可以调配颜色，既能清晰显露木质纹理，又能呈现丰富的色彩。

水性木器漆一般用于涂刷木质纹理美观、大方的家具、构造。

图2-68　水性木器漆

果，使用时间稍长就容易出现诸如失光、开裂、变色等弊病（见图2-69）。

5. 乳胶漆

乳胶漆又称为乳胶涂料、合成树脂乳液涂料，是目前比较流行的内、外墙建筑涂料。传统用于涂刷内墙的石灰水、大白粉等材料，由于水性差，质地疏松，易起粉，已被乳胶漆逐步替代。乳胶漆根据装饰的光泽效果又可分为无光、哑光、半光、丝光和有光等类型。乳胶漆与普通油漆不同，它是以水为介质进行稀释和分解，无毒无害，不污染环境。

乳胶漆施工方便，业主可以自己动手施工，施工工具可以用水清洗干净。乳胶漆的涂膜干燥快，施工工期短。在适宜的气候条件下，有时可在当天内完成涂料施工。此外，它的装饰性好，有多种色彩，可以选择高光、哑光等效果，装饰审美清新、淡雅。近年较为流行的丝面乳胶漆，涂膜具有丝质哑光，手感光滑细腻如丝绸，能给家居营造出一种温馨的氛围。如果要想改变色彩只需在原涂层上稍做打磨，即可涂刷新的乳胶漆。

乳胶漆价格低廉，经济实惠，是现代装修墙顶面装饰的理想材料。市场上销售的乳胶漆多为内墙乳胶漆，桶装规格一般为5L、15L、18L三种，每升乳胶漆可以涂刷墙面面积为12～16m^2。乳胶漆使用方便，可以根据室内设计风格来配置色彩，品牌乳胶漆销售商还提供计算机调色服务（见图2-70）。

硝基漆比较稀薄，需要多次刷涂或喷涂才可以达到覆盖纹理的效果。

硝基漆需配合稀释剂使用，稀释得越薄，涂刷的次数就越多、越平整。

硝基漆一般都为白色，家具饰面光泽度高，非常细腻平滑。

图2-69 硝基漆

家装助手

不同乳胶漆混合使用

墙和房顶使用不同品牌的乳胶漆，例如，墙刷多乐士五合一，而顶面刷立邦亚光漆。这样不但可以省10元／m^2，而且效果更好。别小看省的这点小钱，它足以换取你所有墙面都贴上的确良布的开销，贴布可是保证日后不裂的重要方法。

6. 真石漆

真石漆又称为石质漆，是一种水溶性复合涂料，主要是由高分子聚合物、天然彩石砂及相关辅助剂混合而成。真石漆涂层坚硬，附着力强，黏结性好，耐用10年以上，防污性好，耐碱耐酸，且修补容易，与之配套施工的有抗碱性封闭底油和耐候防水保护面油。

真石漆最先用于建筑外墙装饰，近年来进入室内，它的装饰效果酷似大理石和花岗岩，主要用于客厅、卧室背景墙和具有特殊装饰风格的公共空间。除此之外，还可用于圆柱、罗马柱等装饰上，可以获得以假乱真的效果。在施工中采用喷涂工艺，装饰效果丰富自然，质感强，并与光滑平坦的乳胶漆墙面形成鲜明的对比（见图2-71）。

对于油漆涂料应该购买正规厂家生产的产品，包装桶上应有商标、生产厂家名称、生产日期、重量等较为重要的标识。除此之外，还必须注意产品的环保性能，有实力的厂家都会对产品的环保性能有严格要求。

乳胶漆关键在于浓度，高档乳胶漆浓度高，加水稀释后能涂刷很大面积。

乳胶漆可以使用广告画水粉颜料来调配颜色，价格低廉，操作方便。

同一房间内，墙面颜色一般不超过3种，避免花乱，也避免造成浪费。

图2-70　乳胶漆

真石漆包装桶内的石料一般不到40%，需要均匀搅拌后才能使用。

天然彩色石砂的颗粒应该饱满，体积大小无明显差异，色彩均匀呈一定基调。

选购时需查看真石漆材料样本，并索要纸质使用说明书。

图2-71　真石漆

家装助手

裂纹漆

　　裂纹漆是由硝化棉、颜料、体质颜料、有机溶剂，辅助剂等研磨调制而成的调和漆。裂纹漆具有硝基漆的基本特性，属挥发性自干油漆，无需加固化剂，干燥速度快。由于裂纹漆粉性含量高，溶剂的挥发性大，因而它的收缩性大，柔韧性小，喷涂后内部应力产生较高的拉扯强度，形成良好、均匀的裂纹图案，增强涂层表面的美观，提高装饰性。裂纹漆格调高贵、浪漫，极具艺术韵涵，裂纹纹理均匀，变化多端，错落有致，极具立体美感。效果自然逼真，极具独特的艺术美感，为古典艺术与现代装修的结合品（见图2-72、图2-73）。

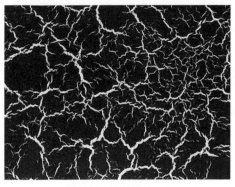

图2-72　裂纹漆（一）

图2-73　裂纹漆（二）

第八节　五金配件

　　五金配件是家装中不可缺少的辅助材料，它具有光洁的外观，精密的构造，能亮化家居生活环境，同时也是装饰构造连接、固定的重要部件。五金配件的金属质感与浑厚的木质家具相搭配，具有强烈的对比效果。

1. 合金型材

（1）铝合金

　　纯铝是银白色的轻金属，密度小，熔点低，其导电性和导热性都很好，仅次于银、铜、金而居第4位。铝合金强度低，塑性高，能通过冷或热的压力加工制成线、板、带、棒、管等型材。铝合金一般用于吊顶、隔墙的龙骨架和门窗框架结构。铝合金龙骨架用作吊顶或隔断龙骨，它与各种装饰板材配合使用，具有自身质量轻，强度大，华丽明净，抗震性能好，加工方便，安装简单等特点。铝合金门窗与普通木门窗，钢门窗相比，主要有质量轻、性能好、色泽美观、耐腐蚀、使用维修方便、便于进行工业化生产等特点。

（2）铜合金

纯铜从外观看是紫红色，故又称为紫铜，导电性、导热性、耐腐蚀性好。纯铜的强度较低，而可塑性较高。用在装饰装修领域的是铜合金，一般可分为黄铜、青铜和白铜。铜合金经过冷加工所形成的骨架材料多用于室内装饰造型的边框及装饰板材的分隔，也可以用来加工成具有承载力荷的装饰灯具骨架或外露吊顶骨架。

（3）不锈钢

不锈钢外观光洁，可以根据不同需求而采取不同的抛光、浸渍处理，使其具有耐腐蚀作用，这主要取决于它的合金成分铬元素。铬能在钢表面形成钝化膜，使金属与外界隔离开来，保护钢不被氧化。当钝化膜破坏后，抗腐蚀性就下降。不锈钢在家居装修中主要用于家具、构造、门窗饰边，包括常见的管材与饰边型材（见图2-74）。

2. 钉子

（1）圆钉

圆钉是以铁为主要原料，根据不同规格和形态加入其他金属的合金材料，而钢钉则加入碳元素，使硬度加强。圆钉的规格、形态多样，目前用在木质装饰施工中的圆钉都是平头锥尖形，以长度来划分多达几十种，如20mm、25mm、30mm等，每增加5～10mm为一种规格。圆钉主要用于木、竹制品零部件的连接。圆钉的强度与直径、长度及接合件的握钉力有关，直径、长度及接合件的握钉力越大，则接合强度越大（见图2-75）。

（2）气排钉

气排钉又称为气枪钉，根据使用部位分有多种形态，如平钉、T形钉、马口钉等，长度从10～40mm不等。钉子之间使用胶水粘接，每颗钉子纤细，截面呈方形，末端平整，头端锥尖。气排钉要配合专用射钉枪使用，通过气压射钉枪发射气排钉，用于固定家具部件，实木封边条，实木框架等。经射钉枪钉入木材后不漏痕迹，不影响木材继续刨削加工及表面美观，且施工速度快，质量好，因此应用日益广泛。

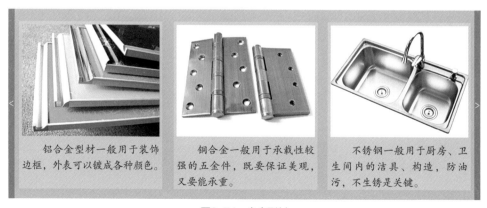

铝合金型材一般用于装饰边框，外表可以镀成各种颜色。

铜合金一般用于承载性较强的五金件，既要保证美观，又要能承重。

不锈钢一般用于厨房、卫生间内的洁具、构造，防油污，不生锈是关键。

图2-74　合金型材

（3）螺钉

螺钉是在圆钉的基础上改进而成的，将圆钉加工成螺纹状，钉头开十字凹槽，使用时需要配合螺丝刀（起子）。螺钉的形式主要有平头螺钉、圆头螺钉、盘头螺钉、沉头螺钉、焊接螺钉等。螺钉的规格为10～60mm等。螺钉可以使木质构造之间衔接更紧密，不易松动脱落，也可以用于金属与木材、塑料与木材、金属与塑料等不同材料之间的连接。螺钉主要用于拼板、家具零部件装配及铰链、插销、拉手、锁的安装，应该根据使用要求而选用适合的样式与规格。

（4）射钉

射钉又称为水泥钢钉，相对于圆钉而言质地更坚硬，可以将装饰构件固定到钢板、混凝土和实心砖上。为了方便施工，这种类型的钉子中后部带有塑料尾翼，采用火药射钉枪（击钉器）发射，射程远，威力大。射钉的规格主要有30～80mm不等。射钉用于固定承重力量较大的装饰结构，如吊柜、吊顶、壁橱等家具（见图2-76）。

3. 拉手

拉手在主要用于家具、门窗的开关部位，

普通圆钉只用于固定木质家具、构造，不要购买生锈的产品。

强化钢钉可以穿入墙面，一般用来固定各种线管，需带各种配件。

麻花钉专用于实木地板安装，钉接牢固，操作轻松快捷。

图2-75　圆钉

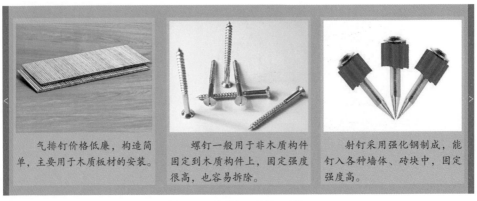

气排钉价格低廉，构造简单，主要用于木质板材的安装。

螺钉一般用于非木质构件固定到木质构件上，固定强度很高，也容易拆除。

射钉采用强化钢制成，能钉入各种墙体、砖块中，固定强度高。

图2-76　气排钉、螺钉、射钉

家装助手

五金件选购方法

　　到市场上购买五金件最大的困难是辨识优劣，现在生产厂家在款式和技术上基本上处于相互模仿的阶段，因此，发现大部分五金件的款式外观极为相似，但是价格却大不相同。现在的五金件内部材料主要有锌合金、铜、不锈钢、塑胶等，分辨它们的最好办法是看它们的重量。一般情况，按照从重到轻，五金材料的排列顺序是：铜、不锈钢、锌合金、塑胶。由于各种材料的成本不同，铜在4种材料中价格最贵，其次是不锈钢、锌合金、塑胶。此外，五金件的光洁度也可以提供一些购买信息，焊接镀铬与电镀表面相比，前者更光亮而不易生锈。

　　建材超市的五金件种类最齐全，服务好，如果购买后感觉不合适，只要包装完好，在规定时间内还可以退换，特别是小五金件的款式多，而且十分新颖，具有很强的个性，当然价格也不低。中低端建材市场的五金件种类很多，但是品牌鱼目混珠，砍价后虽然价格不高了，但是售后却很难得到保障，很难退货。根据这样的市场情况，对于追求个性、有经济实力的装修业主来说，在大型的家装超市购买，可以节约时间。如果只图实惠，可以去五金产品齐全的中低建材市场，多花些时间进行比较、分析，慎重决定，就可以少花钱，且能买到中意的产品。

是必不可少的功能配件。拉手的材料有锌合金、铜、铝、不锈钢、塑胶、原木、陶瓷等，为了与家具配套，拉手的形状、色彩更是千姿百态。高档拉手要经过电镀、喷漆或烤漆工艺，具有耐磨和防腐蚀作用，选择时除了要与室内装饰风格相吻合外，还要能承受较大的拉力，一般拉手要能承受6kg以上的拉力（见图2-77）。

4. 门锁

　　市场上所销售的门锁品种繁多，传统锁具一般分为复锁和插锁两种。复锁的锁体装在门

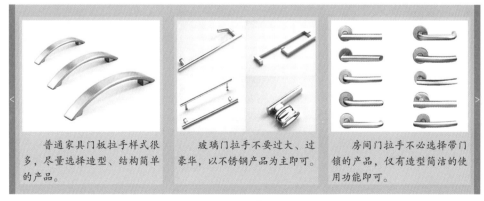

普通家具门板拉手样式很多，尽量选择造型、结构简单的产品。

玻璃门拉手不要过大、过豪华，以不锈钢产品为主即可。

房间门拉手不必选择带门锁的产品，仅有造型简洁的使用功能即可。

图2-77　拉手

扇的内侧表面，如传统的大门锁。插锁又称为插芯门锁，装在门板内，如房间门的执手锁。

（1）大门锁

大门锁最主要的功能是防盗。锁芯一般为磁性原子结构或电脑芯片，面板的材质是锌合金或者不锈钢，舌头有防撬、防插功能。大门锁一般都具有反锁功能，反锁后在门外用钥匙无法开启，面板材质为锌合金（锌合金造型多，外面经电镀后颜色鲜艳，光滑），组合舌的舌头有斜舌与方舌，高档门锁具有多层次转动的反锁功能。

（2）房门锁

房门锁的防盗功能并不太强，主要要求装饰、耐用、开启方便、关门声小，具有反锁功能，把手具有人体力学设计，手感较好，容易开关门（见图2-78）。

（3）浴室锁与厨房锁

浴室锁与厨房锁的特点是在内部锁住，在外面可用螺丝刀等工具随意拨开。由于洗手间与厨房比较潮湿，门锁的材质一般为陶瓷材料，把手为不锈钢材料。

5. 合页铰链

（1）合页

合页又称为轻薄型铰链，房门合页材料一般为全铜和不锈钢两种。单片合页的标

家装助手

弄清辅材的销售单位与价格

很多装修业主在购买主材料之前都会打听价格，但是却忽视了辅料的价格，一些材料商正是利用了这一点，把一些不起眼的辅料卖出了天价。所以，最好先去大型建材超市考察，再到私营店铺去购买，可信度会高些。例如，射钉本是按盒卖的，1盒10元有100个，可是多数业主只需几个，开口就问多少钱1个，商家会按1元／个销售，1盒能卖上100元。有的商家甚至将1盒4元左右的钢钉卖到了200元。

大门锁要求坚固、可靠，具有多项锁止功能，尽量选择高端产品。

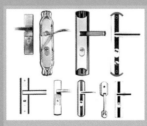
房间门锁可以根据装修风格来选择，以结构紧密的优质产品为主。

房门间锁安装时不要破坏门板油漆饰面，接缝应该紧密无间。

图2-78　门锁

准为100mm×30mm和100mm×40mm，中轴直径在11～13mm之间，合页壁厚为2.5～3mm。为了在使用时开启轻松无噪声，高档合页中轴内含有滚珠轴承，安装合页时应选用附送的配套螺钉（见图2-79）。

（2）铰链

在家具构造的制作中使用最多的是家具柜体门的烟斗合页，也称为弹簧铰链，它具有开合柜门和扣紧柜门的双重功能（见图2-80）。铰链主要用于家具门板的连接，它一般要求板厚度为16～20mm。材质有镀锌铁、锌合金。弹簧铰链附有调节螺钉，可以上下或左右调节板的高度、厚度。它的一个特点是可根据空间，配合柜门开启角度。除一般的90°外，127°、144°、165°等均有相应铰链相配，使各种柜门有相应的伸展度，铰链有全遮（直弯）、半遮（中弯）、内藏（大弯）三种不同的安装方式（见图2-81）。

6. 滑轨

滑轨使用优质铝合金、不锈钢或工程塑料制作，按功能一般分为梭拉门吊轮滑轨和抽屉滑轨。

（1）推拉门吊轮滑轨

推拉门吊轮滑轨的滑轨道和滑轮组安装于推拉门上方边侧。滑轨厚重，滑轮粗大，

图2-79　合页

图2-80　铰链

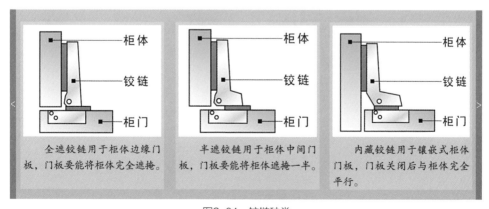

全遮铰链用于柜体边缘门板，门板要能将柜体完全遮掩。　半遮铰链用于柜体中间门板，门板要能将柜体遮掩一半。　内藏铰链用于镶嵌式柜体门板，门板关闭后与柜体完全平行。

柜体　铰链　柜门

图2-81　铰链种类

可以承载各种材质门扇的重量。滑轨长度为1200～3600mm，能满足不同门扇的需要（见图2-82）。

（2）抽屉滑轨

由动轨和定轨组成，分别安装于抽屉与柜体内侧两处。新型滚珠抽屉导轨分为二节轨、三节轨两种，选择时要求外表油漆和电镀质地光亮，承载轮的间隙和强度决定了抽屉开合的灵活和噪声，应挑选耐磨及转动均匀的承重轮，常用抽屉滑轨规格一般为（长度）300～550mm（见图2-83）。

7. 开关插座面板

目前，在家居装修领域使用的开关插座面板主要采用防弹胶等合成树脂材料制成。防弹胶又称聚碳酸酯，这种材料硬度高，强度高，表面相对不会泛黄，能耐高温。此外还有电玉粉，氨基塑料等材料，都具备耐高温，阻燃性好，表面不泛黄，硬度高等特点。

开关插座面板的类型很多，从外观形态上可分为86型、118型、120型等。中高档开关插座面板的防火性能、防潮性能、防撞击性能等都较好，表面光滑，面板要求无气泡、无划痕、无污迹。开关拨动的手感轻巧

推拉门吊轮构造应紧密无缝，轨道最好采用封塑产品，降低噪声。

脚轮用于固定门扇，不让其自由摆动，避免与其他家具、构造发生碰撞。

推拉门应用广泛，但是需占用一定空间，适用于大面积家居装修。

图2-82　推拉门吊轮滑轨

三节式抽屉滑轨结构紧密，质量可靠，承重性强，但是价格较高。

组装前应查看配件是否齐全，按照说明书组装，不要丢失了螺钉与弹子。

高档抽屉滑轨带有吸附功能，能自动缓缓关闭抽屉，方便日常使用。

图2-83　抽屉滑轨

而不紧涩，插座的插孔需装有保护门，里面的铜片是开关最关键的部分，具有相当的重量（见图2-84）。

现代家居装修一般选用暗盒开关插座面板，线路都埋藏在墙体内侧，开关的款式、档次应该与室内的整体风格相吻合。白色的开关是主流，大部分室内装修的整体色调是浅色，很少选用黑色、棕色等产品。

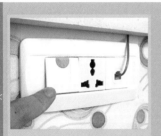

抚摸面板表面感觉是否光洁平滑，开关应该清晰明确，无顿挫、无阻塞感。

插座面板表面一般采用高强度防弹胶，光滑、不泛黄、富有弹性。

观察背面构造是否精细，各种构件应该精致完整，没有缺口或裂纹。

使用插头反复插入、拔出，感受是否轻松自如，要有阻力但不感到吃力。

用螺丝刀能轻松撬开防尘盖，在使用过程中不要将其随意扔掉。

用螺丝刀撬动安全垫片，观察是否能自动闭合，真正起到防触电作用。

用螺丝刀撬开面板，查看内部构造质量和缝隙，应该配备2个固定螺丝。

用螺丝刀转动接线螺丝，感受是否光滑自然，不能有生涩感。

用螺丝刀撬开插座模块，能轻松更换为其他功能模块。

图2-84　开关插座面板鉴别

开关插座暗盒很重要

很多业主只认开关插座面板的品牌和质量，对待暗盒就很大意。其实，劣质暗盒的危害要远远高于劣质开关面板，因为电线的接头、转角都是在暗盒内完成的。开关插座面板老化或损坏可以随时拆卸、更换，而暗盒埋藏在墙体内，是很难改动的。这里要特别注意暗盒的表面是否光滑，边角是否圆润，最关键的是看塑料表面有无杂色。一般而言，黑色和深灰色暗盒多使用再生塑胶，白色暗盒质量相对可靠些。

第九节　成品门窗

门窗是住宅的必备构造，现代商品房都带有门窗。也有的住宅使用年限久远，很多门窗都需要更换，如木质门窗、钢制门窗、塑钢门窗和铝合金门窗，这些材料经过风吹日晒都会有不同程度的老化，需要在装修时更换。本套书《设计篇》已讲到塑钢门窗与彩色铝合金门窗的验收要点，这里就不再重复，下面介绍隐形防盗窗、隐形防护网防盗网、成品房门。

1. 隐形防盗窗

隐形防盗窗是近年来的新产品，以往的窗户防盗措施主要是在窗外加装金属围栏，保护窗体不受破坏，但是这样会干扰室内采光和欣赏窗外风景，尤其是不方便晾晒衣物，同时它还影响建筑外观形象，很多城市都强制取消了这种构件。近年来，比较流行的隐形防盗窗将防盗构件与窗框、玻璃融为一体，优化了住宅装修效果，在使用上更加安全可靠（见图2-85、图2-86）。

隐形防盗窗的最大特点是将防盗和住宅装修融为一体，改变了以往任何一种防盗窗给人一种一目了然的防盗感觉，使防盗功能又上了一个新的层次。窗户中的防盗网改变

图2-85　隐形防盗窗（一）

图2-86　隐形防盗窗（二）

了以往任何一种防盗窗的花样，变化为各种几何图案，并且将其安装在玻璃窗的室内一侧或中空玻璃之间。从外面望去，好像玻璃上的井格造型或窗纱，很难看出是防盗窗。防盗网的井格造型是采用扁带钢或不锈钢扁带焊制而成，看到只是5~10mm宽，因此不会遮挡住光线，使室内光照充足。

2. 隐形防护/防盗网

隐形防护/防盗网是一种集防盗与防护两种功能于一体的新型窗户构件，它的核心材料是特制的钢丝绳，内部是强化钢丝和漆包电线，外表包裹着尼龙材料，直径只有2~3mm。这种特殊的钢丝绳，每根拉力能达到130kg，2根钢丝绳的间距是50mm，可以横向或纵向排列，两端的固定零件采用特制的防撬铝材制成。在使用过程中，如果遇到外力剪断，漆包电线连接的报警器会立即启动，发出强烈的警笛声。现在，一般高层住宅的外挑窗都会安装这类产品，主要功能是防止家人跌落，同时兼顾防盗功能（见图2-87）。

3. 成品房门

成品房门是指工厂预制生产的房间门，装修后运输到施工现场直接安装，施工方便、

家装助手

智能防盗窗报警器

现代防盗窗除了要保证硬件可靠以外，还要增添软件设施，加装智能防盗窗报警器后，当遇小偷靠近窗户，传感器会检测到人体信号，防盗窗报警器并不报警，只是以高亮度红色警灯闪烁示警，阻吓小偷自觉离开，这样既不扰民，也不惊动保安。如果小偷要继续动作，此时智能窗有两种方式报警。一是在现场以高分贝声音和高亮度闪光报警。二是将警情报到业主的电话或住宅小区保安处，保安的接收器可显示警情发生的准确位置，保安可同时在第一时间到达现场。

纤细的钢丝不仅可以防盗，还可以阻止户外植物向室内延伸。

在高层住宅，钢丝主要起到保护家人安全，避免从窗台跌落。

钢丝连接紧密，钢丝中带有信号线，被外力剪断会自动报警。

图2-87　隐形防护/防盗网

快捷，颜色、样式有多种可选，均由厂家上门测量，制作后配送到现场，并由专业的人员安装，它是现代家居装修的首选。成品房门的档次主要体现在表面，它的饰面由材质和涂饰两部分组成，材质是指居室门饰面木材的种类，它决定了门的底色和纹理。现在市场上的房间室门材料主要有胡桃木、樱桃木、橡木、水曲柳等。涂饰是指油漆的品质和工艺，优质的油漆和先进的喷涂、烤漆工艺可以确保每扇房间门都漆面光滑，色泽均匀，纹理清晰（见图2-88、图2-89）。

根据实体构造，成品房门的种类主要有模压门、实木门、金属门和实木复合门

等四种。

（1）模压门

模压门是采用具有各种凹凸图案及光面的高密度纤维板制作门板，而门面采用木材纤维一次模压成型，这种门在加工时，胶水应达到环保要求，否则会影响健康。模压门价格便宜、质感差，隔声效果不好，款式也比较单一，属于中低档产品。一般来说，模压门只适宜做混油门，尤其是白色混油（见图2-90）。

（2）实木门

实木门有两种，一种是由内至外全部为实木，又称为全实木门，另一种是芯材为实

图2-88　成品房门（一）

图2-89　成品房门（二）

模压门的基层材料为纤维板，因此成本较低，是目前市场上价格最低的房门。

模压门板面为一体化成型，内部采用龙骨架支撑，能起到控制变形的作用。

模压门色彩、纹理、款式多样，可选择的余地很大，能满足各种装修需求。

图2-90　模压门

木多层板制作，外表贴PVC装饰板，又称为装饰实木门。实木门采用传统工艺加工而成，以烘干的松木、铁杉木等为基材，其结构主要为门框榫连接，镶嵌门芯板，在市场上属于中高档产品。全实木门在北方使用有一定缺陷，易出现门扇变形、榫连接处风干开裂，门芯板收缩露白等现象（见图2-91）。

（3）金属门

金属门也是常见的住宅房间门，一般采用铝合金型材或在钢板内填充发泡剂，所用配件选用不锈钢或镀锌材质，表面喷塑或贴PVC装饰板。这种门给人的感觉过于冰冷，多用于厨房或卫生间推拉门，入户大门（见图2-92）。

（4）实木复合门

实木复合门以实木为基材，以天然木皮为饰，采用实木复合工艺，机械化流水线生产，能使门扇恒久稳定不变形不开裂，外观和全实木门一样自然、雅致，材质和款式也有多种选择。实木复合门的市场占有率最大，也是目前欧美市场的主流产品。实木复合门能按照装修业主的要求定制，式样、颜色都能充分满足个性化的需求，工业化的批量生产降低了价格。

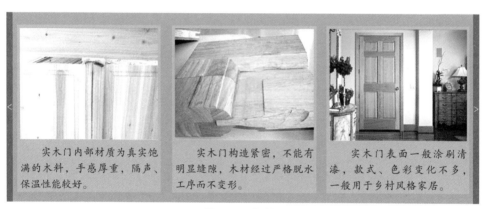

实木门内部材质为真实饱满的木料，手感厚重，隔声、保温性能较好。

实木门构造紧密，不能有明显缝隙，木材经过严格脱水工序而不变形。

实木门表面一般涂刷清漆，款式、色彩变化不多，一般用于乡村风格家居。

图2-91　实木门

铝合金门质地轻盈，表面涂层光洁美观，适合大多数家居装修。

钛镁合金门质地华贵、精致，装饰造型变化多，但是价格较高。

铜合金门的细节变化丰富，格调高雅，一般用于入户门或欧式古典风格家居。

图2-92　金属门

订购成品房门有一定的流程，因此必须合理安排好时间，保证安装及时到位。木门的安装一般都在装修的后期，可以在装修中期去挑选。具体的流程可能会因选购的品牌不同而有所差异，购买时要咨询清楚，以免耽误施工工期。选购时要注意封边，由于专业厂家使用的是现代化机器设备，采用了进口胶高温高压封边，封边后门扇外表应该是平整牢固。优质房门采用的也是优质的五金配件，使用时开启自如，无噪声，能经得起上万次的开关而不会变形损坏（见图2-93）。

实木复合门多采用镶板结构，能有效防止门板变形，价格普遍较高。

门板内外木材不同，内部采用韧性较好的木料，外部采用较华丽的名贵木料。

实木复合门的外观形态不多，一般涂刷清漆显露出木质纹理。

图2-93　实木复合门

家装助手

成品房门的保养

日常生活中，不要在门上悬挂重物，以免减少寿命，开启与关闭门窗时，不要用力过猛或开启角度过大，擦拭玻璃时不可用力过猛，以免伤及人身。在清除木门表面污迹时，采用软的棉布擦拭，用硬布很容易划伤表面。倘若污渍太重，可使用中性清洁剂、牙膏或家具专用清洁剂，去完污渍后再干擦。不能用水冲洗或用过于湿的抹布擦拭，以免木门翘曲变形。

注意浸泡过试剂或有水分的布不要在木门表面长时间放置，否则会浸坏表面，使表面的饰面材料变色或剥离。木门的棱角处不要过多擦磨，否则会造成棱角油漆的脱落，而合页、锁等五金配件发生松动时，最好请厂家的专业人员来进行维修。当门开启时发出声响，就说明合页等五金件出现了问题（见图2-94）。

准备好家居全能清洁剂、柔软的抹布和螺丝刀等其他工具。

清洁剂最好喷涂在门板上，边喷边擦，再用清水擦拭，不能残留清洁剂。

使用螺丝刀固定门锁、合页上的螺丝，间隔半年左右固定一次。

图2-94　成品房门保养

第十节　卫生洁具

卫生洁具是卫生间不可缺少的设施，它不仅存在于家居空间，而且还用于公共空间。卫生间的功能使用取决于洁具设备的质量，卫生洁具既要满足使用功能要求，又要满足节水节能等环保要求。

1. 面盆

面盆又称为洗脸盆，它是卫生间不可缺少的部件，可以满足洗脸、洗手等各种卫生行为。面盆的种类、款式和造型非常丰富，影响面盆价格的因素主要有品牌、材质与造型。目前常见的面盆材质可以分为陶瓷、玻璃、亚克力三种。造型也可以分为挂式、立柱式、台式三种（见图2-95、图2-96）。

陶瓷面盆的使用频率最多，占据90%的消费市场，陶瓷材料保温性能好，经济耐用，但是色彩、造型变化较少，基本都是白色，

台上盆造型多样，具有很强的审美感，能有效节约空间。

台中盆比较传统，形式不多，尺寸要根据台面大小来定。

台下盆适合比较简洁的装修风格，干净卫生，容易维护保养。

图2-95　面盆形式

悬挂式面盆造型紧凑，能有效利用空间，防止台柜受潮。

立柱式面盆造型简洁，适合面积较小的卫生间或住宅公用卫生间。

台柜式面盆体积较大，使用功能齐全，储藏能力大，是当今家居主流。

图2-96　面盆种类

外观以椭圆形、半圆形为主。传统的台下盆价格最低，可以满足不同的消费需求，最近流行的台上盆造型就更丰富了。常用的立柱面盆由于占地面积小，一般适用于面积较小的卫生间，安装后使卫生间有更多的回旋余地。普通型面盆适用于一般装修的卫生间，经济实用，但不美观。立式面盆凭借时尚、前卫的造型正逐步走向高端市场，它能与室内高档装饰及其他豪华型卫生洁具相匹配。有沿边的台式洗脸盆和无沿边台式洗脸盆适用于面积较大的高档卫生间使用，台面现在大多采用人造石。

2. 蹲便器

蹲便器是传统的卫生间洁具，一般采用全陶瓷制作，安装方便，使用效率高。蹲便器不带冲水装置，需要另外配置给水管或冲水水箱。蹲便器的排水方式主要有直排式和存水弯式，其中直排式结构简单，存水弯式防污性能好，但安装时有高度要求，平整的卫生间里需要砌筑台阶。

蹲便器一般适用于家居公用卫生间，它占地面积小，成本低廉。安装蹲便器时注意上表面要低于周边陶瓷地面砖，蹲便器出水口周边需要涂刷防水涂料（见图2-97）。

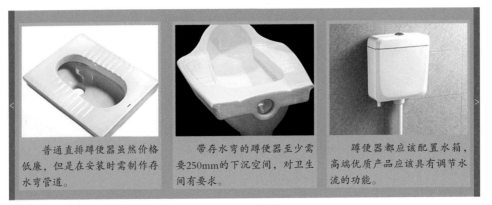

普通直排蹲便器虽然价格低廉，但是在安装时需制作存水弯管道。

带存水弯的蹲便器至少需要250mm的下沉空间，对卫生间有要求。

蹲便器都应该配置水箱，高端优质产品应该具有调节水流的功能。

图2-97　蹲便器

3. 坐便器

坐便器又称为抽水马桶，是取代传统蹲便器的一种新型洁具，主要采用陶瓷或亚克力材料制作。坐便器按结构可分为分体式坐便器和连体式坐便器两种；按下水方式分为冲落式、虹吸冲落式和虹吸旋涡式三种。冲落式及虹吸冲落式注水量约6L左右，排污能力强，只是冲水时噪声大；虹吸旋涡式一次用水8～10L，具有良好的静声效果。近年来，又出现了微电脑控制的坐便器，需要接通电源，根据实际情况自动冲水，并带有保洁功能。现在市场上的坐便器多数是6L的，许多厂家还推出了大小便分开冲水的坐便器，有3L和6L两个开关，这种设计更利于节水。

选择坐便器，主要看卫生间的空间大小。分体式坐便器所占空间大些，连体式坐便器所占空间要小些。另外，分体坐便器外形要显得传统些，价格也相对便宜，连体式坐便器要显得新颖高档些，价格也相对较高。坐便器多为陶瓷质地，在挑选时应仔细检查它的外观质量。观察坐便器是否有开裂，即用1根细棒轻轻敲击瓷件边缘，听其声音是否清脆，当有"沙哑"声时就证明瓷件有裂纹。此外，可以将坐便器放在平整的台面上，进行各方向的转动，检查是否平稳匀称，安装面及坐便器表面的边缘是否平整，安装孔是否均匀圆滑（见图2-98）。

4. 浴缸

浴缸又称为浴盆，是一种传统的卫生间洗浴洁具。浴缸按材料一般可以分为钢板搪瓷浴缸、亚克力浴缸、木质浴缸和铸铁浴缸；按裙边分为无裙边浴缸和有裙边浴缸；从功能上分为普通浴缸和按摩浴缸。普通浴缸的长度从1200～1800mm不等，深度一般在500～700mm之间，至于特殊形态的卫生间，也可以定制加工（见图2-99）。

选择浴缸首先要注意使用空间，如果浴室面积较小，可以选择长1.2m、1.5m的浴缸；如果浴室面积较大，可选择长1.6m或1.8m的浴缸；如果浴室面积很大，可以安装高档的按摩浴缸、双人用浴缸或外露式浴缸。其次是浴缸的形状和龙头孔

普通坐便器要注重尺寸大小，外观不能有裂纹、色差等瑕疵。

打开水箱观察冲水构件，质地平滑，不能是再生胶，有水流调节功能。

微电脑坐便器功能强大，但在装修时要预留电源插座。

图2-98　坐便器

亚克力浴缸价格低廉，造型多样，使用时要注意保养，防止破裂。

陶瓷浴缸质地坚固，具有很好的保温性能，价格相对较低，但是自重较大。

木质浴缸具有田园风味，日常使用要做好保洁，防止滋生细菌。

图2-99　浴缸

家装助手

选购淋浴房的方法

选购淋浴房要注意，卫生间面积决定淋浴房的形状，最小的淋浴房边长不宜低于900mm，开门形式有推拉门、折叠门、转轴门等，能更好利用有限的空间。淋浴房的主材为钢化玻璃，正宗的钢化玻璃仔细看有隐隐约约的花纹。选购淋浴房一定要从正规渠道购买，不能图便宜，劣质产品的玻璃会发生炸裂。其次要关注底盘的板材是否环保，淋浴房所使用的板材主要是亚克力，有一些复合亚克力板中使用的玻璃丝含有甲醛，容易造成空气污染。如果亚克力板的背面与正面不同，比较粗糙，就属于质量较差的产品。

的位置，这些要素是由浴室的布局和客观尺寸决定的。此外，还要根据预算投资来考虑品牌和材质。最后是浴缸的款式，目前主要有独立柱脚和镶嵌在地的两种样式。前者适合安放在卫浴空间面积较大的住宅中，最好放置在整个空间的中央，这种布置显得尊贵典雅；而后者则适合安置在面积一般的浴室里，如果条件允许的话最好临窗放置。

5. 淋浴房

淋浴房一般由隔屏和淋浴托组成，内设花洒。隔屏所采用的玻璃均为钢化玻璃，甚至具有压花、喷砂等艺术效果，淋浴托则采用玻璃纤维、亚克力或金刚石制作。淋浴房从形态上可以分为立式角形淋浴房、一字形浴屏淋浴房、浴缸上淋浴房三种。

（1）立式角形淋浴房

立式角形淋浴房从外形上看有方形、弧形、钻石形；以结构分有推拉门、折叠门、转轴门等；以进入方式分有角向进入式或单面进入式。角向进入式最大的特点是节约面积，尤其是能有效利用卫生间内角来安放，提高了卫生间的使用率，对角形淋浴房、弧形淋浴房、钻石形淋浴房均属此类，它是应用较多的款式（见图2-100）。

（2）一字形浴屏淋浴房

一字形浴屏淋浴房多采用10mm钢化玻璃隔断，适合宽度窄而纵深较大的卫生间，或者有浴缸位并不愿用浴缸而选用淋浴房时，多选择一字形浴屏淋浴房。其浴屏也是卫生间干湿分区的重要构件。

立式角形淋浴房能有效节约空间，是目前大多数家居用户的首选。

一字形浴屏淋浴房能有效利用卫生间面积，造型简洁、价格低廉。

浴缸上淋浴房将淋浴房与浴缸合二为一，高端产品具有按摩、桑拿功能。

图2-100　淋浴房

家装助手

选购水阀门的方法

在家装中，水阀门主要包括水龙头与三角阀两种，水龙头用于卫生间面盆、厨房水槽，它能控制自来水开关与流量。三角阀又称为截止阀，用于控制水箱、坐便器、浴缸等用水设备的给水管开关。目前，市场上销售的水阀门加工工艺复杂，业主在选购时要注意以下方面。

首先，转动水阀门把手时，观察开关之间有无间隙。开关无缝隙、轻松无阻、不打滑的龙头比较好。劣质产品的间隙大，受阻感大。观察龙头各个零部件，尤其是主要零部件装配是否紧密，优质水阀门的阀体、手柄全部采用黄铜精制，自重较沉，有凝重感。

然后，分辨厂家识别标记是购买时必不可少的，一般正规商品均有生产厂家的品牌标识，而非正规产品或劣质产品往往仅粘贴简单的纸质标签，甚至无任何标记。

接着，水龙头质量的好坏最关键部位在于阀芯。市场上的水阀门有橡胶阀芯、球阀芯和不锈钢阀芯。不锈钢阀芯是新一代的阀芯材料，具有密封性好，物理性能稳定，使用期长等特点。优质的水阀门应该是整体青铜浇铸，敲打起来声音沉闷，如果声音很脆，则是不锈钢材料制成，质量要差一个档次。

最后，观察水阀门的表面镀层有镀锌、镀钛、喷漆等。镀层厚的较好，可用眼观察镀层表面是否光亮。进口产品的镀层较厚，不易脱落和氧化。电镀层应有保护膜，没有保护膜的电镀层容易褪色（见图2-101）。

（3）浴缸上淋浴房

浴缸上淋浴房能兼顾浴缸与淋浴房二者的功能。全套产品价格较高，也可以在浴缸上单独制作浴屏当作淋浴房。

此外，根据业主消费习惯，还可以选择高档电脑淋浴房，它一般由桑拿系统、淋浴系统、理疗按摩系统三个部分组成。桑拿系统主要是通过独立蒸汽孔散发蒸汽，可以在药盒内放入药物享受药浴保健。淋浴系统能从各个方位喷射水流至人体上，起到快速、全方位清洁的作用。理疗按摩系统是通过淋浴房壁上的针刺按摩孔出水，用水的压力对人体进行按摩。一般单人淋浴房有12个左右按摩孔，双人的则达到16个以上。高档电脑淋浴房正逐步小型化进入普通家庭。

| 水阀门外观应光洁亮丽，无任何裂纹，开关阻力均匀无顿挫、生涩感。 | 水阀门的内体和构件都应该为铜质材料，光泽度高，避免生锈。 | 可以在家居公用卫生间内安装红外感应水阀门，能有效节约用水。 |

图2-101　水阀选购

第三章　存放保养

装饰材料既可以按类别购买，也可以按施工进度购买，一次购买大量产品就要关注存放与保养方法，避免材料损坏、变质，造成不必要的浪费。合理存放、保养装饰材料也有助于装饰施工。

第一节　搬运码放

在现阶段，搬运、码放各种装饰材料还属于体力活，即使将装修承包给装饰公司，业主仍需自己采购一定的材料，多数情况下还靠自己和家人参与进来动手操作。下面介绍几种实用且省心的方法。

1. 搬运材料

装饰材料的形态各异，轻重不一，在搬运前要稍加思考，根据搬运距离、材料体积、自身能力来分批次、分类别搬运（见图3-1）。普通成年人最大行走负重为

整理箱、编织袋、无纺袋、纸箱都是常见的搬运工具，应该准备齐全。

重载推车用于搬运大件板材、瓷砖、水泥等材料，可以向材料经销商租借。

三轮自行车用于短途运输轻便材料，可以向材料经销商租借。

电动车、摩托车的承载不要超过30kg，最好前后均匀放置。

家用轿车后备箱的承载不要超过100kg，装载材料后行驶速度不要过快。

租用的小型货车最好为封闭箱式结构，防止材料中途脱落。

图3-1　材料搬运工具

15~20kg，超过25kg就会感到疲劳，甚至造成损伤。搬运材料的一般方法有双手抱握、拎提，对于身体强壮的青年男子可以采取肩扛、背负等动作，但是行走距离不应过长，最好间隔一段距离停下休息一会。对于搬运的起身、行走、放下等动作均有讲究，要最大限度保护身体，提高效率。搬运材料最好利用各种器械和工具，完全依靠双手会感到很吃力（见图3-2）。

搬运重物起身时，身体向后倾斜，双腿呈马步，注意腰部不要受力。

搬运重物放下时，可以用脚背承载重量缓缓放下，防止材料破损。

搬运行走时，可以用腹部承载一定的重量，缓解手臂疲劳感。

拎提材料要注意平衡，最好不要单手承重，倾斜前进。

肩扛材料要用双手托住包裹前端，只让肩部承载约70%的重量。

背部的承载力较大，但是也不能超过25kg，要注意量力而行。

拖行方法很简单，要准备多个编织袋或纸箱供磨损，弯腰角度不应过大。

搬运上车时要用单脚踩住车厢边框，防止腰部受力过大造成伤害。

双人搬运要注意两端高度一致，重量分解均衡才能提高效率。

图3-2 材料搬运方法

2. 码放材料

装饰材料进入施工现场后要整齐码放，同时要考虑房屋的承重结构。大件板材一般放在家居空间内部，如卧室、书房内，靠墙放置，以承重墙和柱体为主。每面墙所依靠的板材最多能不超过20张。墙地砖自重最大，待水电隐蔽工程完工后再搬运进场，一般分开码放在厨房、卫生间和阳台的墙角处，纵向堆积不超过3箱。木龙骨放置在架空处，避免直接与地面接触受潮。油漆、涂料一般最后使用，放置在没有装饰构造的地方，不要将未开封的涂料桶当作梯、凳使用。五金件需放置在包装袋内，防止缺失。灯具、洁具等成品件一定要最后搬运进场，存放在已经初步完成的储藏柜内，防止破损。

材料码放的基本原则是保护材料使用性能，顾及房屋承载负荷，施工材料分布既分散又集中，保证施工员随用随取，提高效率（见图3-3）。

大件板材都靠墙放置，单薄的板材穿插在中间，下部要垫纸板或龙骨防潮。

成品门板或家具板件一般平放在地面上，但是放置时间不应过长。

墙地砖的码放高度不要超过5层，底部瓷砖应该竖着码放。

水泥与砂的码放高度不要超过7层，防止楼板结构受到压强破坏。

木龙骨应该平放，下部要垫至少1层横向木龙骨，防止材料受潮。

灯具、洁具等成品件进场后不要打开包装箱，最好使用木龙骨加固。

图3-3　材料码放方法

第二节　保养维护

装饰材料进场后一般要等待一段时间才会使用，少则几天，多则半年。在这段时间内要注意保养维护。

水泥、砂、轻质砖等结构材料要注意防潮，放在没有阳光直射的地方，存放超过3天最好覆盖防雨布或塑料膜，其中水泥是决

在材料存放房间撒放石灰具有防潮作用，每10m²房间均匀撒放500g石灰。

在材料存放房间撒放花椒具有防虫作用，每10m²房间均匀撒放30g花椒。

在比较潮湿的房间里可以使用木龙骨制作架空垫板，用于存放木质板材。

水泥、双飞粉等袋装材料临时放置在户外时也要垫上防雨布。

软质材料应整齐码放在墙角，最好用硬质包装桶围合起来。

透明玻璃表面要粘贴或涂刷醒目标记，防止意外破损。

材料搬运进场前要将存放场地打扫干净，存放过程中也要注意保洁。

天然石材要靠墙放置，装饰面需靠内，注意也要避免日晒、受潮。

零散材料与工具可以放置在已经完工的衣柜内，这是最好的存放场所。

图3-4　材料保养维护

不能放在露天。水电管线材料不要打开包装，如果打开验收也要尽快封闭还原，防止电线绝缘层老化或腐蚀。墙地砖一般应尽量竖向放置，底层使用龙骨架空隔开，不要用湿抹布擦除表面灰尘，保持存放场地干燥。成品板材的存放时间如果超过5天，还是应该平整放置。先清扫地面渣土，使用木龙骨架空，从下向上依次放置普通木芯板、胶合板、薄木饰面板、指接板和高档木芯板，将易弯曲的单薄板材夹在中央，最后覆盖防雨布或塑料膜。玻璃、石材要竖向放置在安全的墙角，下部加垫泡沫，玻璃上要粘贴或涂刷醒目标识，防止意外破损。成品灯具、洁具不要打开包装箱，保留防撞泡沫。

总之，存放装饰材料的房间或场所要注意适当通风，地面可以撒放石灰、花椒来防潮防虫（见图3-4）。

家装助手

家装材料可以二次运用

很多装饰材料在一次装修中是用不完的，扔掉会造成浪费，可以合理保存起来，日后作他用。电线、钉子、五金配件都可以解决日后不时之需。油漆涂料如果剩余也可以在搬家入住时填补边角。成品板材可以保留那些500mm见方的边角余料，可以给抽屉和衣柜增加隔板。多余的壁纸可以粘贴在家具内壁。剩余的强力万能胶可以装在玻璃瓶内，可以用来修补鞋子。至于装修工具就可以永久使用了。家装材料都可以最大限度发挥余热，业主也能以此体验生活的乐趣（见图3-5）。

将装修多余的材料收集起来分类放在工具箱内，方便日后选用。	大件工具需擦拭干净，定期保养，可以用上很多年。	油漆、涂料的板刷可以在日常用来打扫清洁，除尘能力超过普通抹布。

剩余的强力万能胶倒入玻璃瓶并封闭好，日后可以用来修补鞋子。	剩余的大块板材可以用作衣柜的临时隔板，可以钉接或用承板螺钉支撑。	剩余的壁纸可以粘贴到衣柜内侧，如果没有壁纸胶也可以用双面胶替代。

图3-5　材料二次运用

家装助手

装修剩余材料的收纳

　　装修结束后，不少业主都会为了如何处理剩余装饰材料而头疼。留着，觉得屋里放不下；不留，又怕将来维修时要用。到底哪些剩余装饰材料有用，又该如何收纳。这里介绍几种方法。

　　1. 材料收纳为防万一

　　收纳装修剩余材料的主要目的是为了修补边边角角。很多家居装修完成后，在搬运和安装家具、饰品的过程中，难免出现墙面和门窗边框的磕碰，这时如果有材料备用，就可及时修补。用装修剩余的材料进行修补，也可能会出现一定色差，但是采用剩余材料进行修补能将前后差别缩减至最小。最好保存带颜色的装饰材料，如瓷砖、地板、踢角线、乳胶漆等，以备墙面、地板等出现局部损坏后及时修补。因为时间一长，再购买原产品，很有可能买不到相同批次或色号的材料了，所以不同款式、不同色号的瓷砖、地板、踢角线应当保存一两块。当然，白色乳胶漆不存在色差问题，因此不必保留。

为了避免所保存的彩色乳胶漆不够用，还应该记下彩色乳胶漆的配制比例，方便重新购漆时调色。

2. 材料收纳方法

不同的装饰材料有不同的收纳方法。为避免瓷砖、踢角线受潮引发色变，最好将瓷砖和踢角线分别用塑料袋包好，放置在干燥的地方。对地板来说，更容易因受潮产生变形、色变，所以最好用具有吸潮作用的报纸将地板包好，放置在干燥处。包装好的板块材料一定要在其上套一层塑料袋，可以将新家电的塑料袋用来包装材料，既要避免材料受潮，又要避免材料不断释放的甲醛污染室内环境。板块材料可以放置在衣柜、储藏柜的顶部或底部，金属、木质材料以平放为主，玻璃、瓷砖材料最好竖放。

乳胶漆的收纳相对简单，用盖子将乳胶漆包装桶盖好后放在阴凉的地方即可，当然最好重新灌装到密封的容器里会更为保险，如装纯净水的塑料瓶。密封好后最好套上黑色塑料袋避光。这时应留意乳胶漆的保质期，兑过水的乳胶漆一般在20天后就无法使用了，没有兑水的乳胶漆也应在产品标注的保质期内使用。不同的乳胶漆的保质期不同，一般而言，乳胶漆在开封后只能保存半年。

3. 合同票据需留存

除了装饰材料外，业主还应保存一些重要的合同、票据、送货单等纸质资料，以备维修和维权时使用。合同、票据详细记录着购买地点、消费金额等信息，一旦出现纠纷，业主可据此维权和索赔。送货单也应保存，因为上面记录着产品的批号和色号等详细信息，维修时可根据送货单提供的信息找到最合适的修补材料。此外，业主一定要向施工方索取并保存好水电图。当电路或水路出现问题时，水电图能帮助维修人员更快、更好地检查出故障原因和故障点。在日常生活中，业主也可根据水电图判断哪些地方能够打孔，哪些地方不能打孔，避免出现钻孔或钉钉子时破坏电线或者水管的情况。大多数物业在验收装修工程时都需要业主提供水电图，有些验收严格的小区甚至对没有水电图的装修工程不予验收，所以这些材料一定要注意谨慎保存。

参考文献

[1] 周燕珉. 住宅精细化设计 [M]. 北京：中国建筑工业出版社，2008.

[2] 何斌，陈锦昌，陈炽坤. 建筑制图 [M]. 北京：高等教育出版社，2005.

[3] 高钰. 室内设计风格图文速查 [M]. 北京：机械工业出版社，2010.

[4] 乐嘉龙. 住宅公寓设计资料集 [M]. 北京：中国电力出版社，2006.

[5] 刘文军，付瑶. 住宅建筑设计 [M]. 北京：中国建筑工业出版社，2007.

[6] 麦克. 住宅设计 [M]. 北京：中国建筑工业出版社，2006.

[7] 张洋. 装饰装修材料 [M]. 北京：中国建材工业出版社，2006.

[8] 龚建培. 装饰织物与室内环境设计 [M]. 南京：东南大学出版社，2006.

[9] 陈祖建. 室内装饰工程预算 [M]. 北京：北京大学出版社，2008.

[10]《时尚家居》杂志社. 贴心家饰 [M]. 北京：中国轻工业出版社，2008.

[11] 北京《瑞丽》杂志社. 基础家居配色 [M]. 北京：中国轻工业出版社，2007.

[12] 李学泉，付丽文. 建筑装饰施工组织与管理 [M]. 北京：科学出版社，2008.

[13] 王军，马军辉. 建筑装饰施工技术 [M]. 北京：北京大学出版社，2009.

[14] 张书鸿. 怎样看懂室内装饰施工图 [M]. 北京：机械工业出版社，2005.

[15] 潘吾华. 室内陈设艺术设计 [M]. 北京：中国建筑工业出版社，2006.

[16] 高祥生. 室内陈设设计 [M]. 南京：江苏科学技术出版社，2004.

[17] 格拉罕·陶尔. 城市住宅设计 [M]. 南京：江苏科学技术出版社，2007.